PLAY WITH SMART HOME

轻松玩转智能家居

智能时代，父母们的诗和远方

董 羽 邹永康 马新强 / 著

中国原子能出版社

图书在版编目 (CIP) 数据

轻松玩转智能家居：智能时代，父母们的诗和远方 / 黄羿，邹永康，马新强著 . -- 北京：中国原子能出版社，2021.10

ISBN 978-7-5221-1490-3

Ⅰ . ①轻… Ⅱ . ①黄… ②邹… ③马… Ⅲ . ①住宅—智能化建筑—中老年读物 Ⅳ . ① TU241-49

中国版本图书馆 CIP 数据核字（2021）第 142577 号

内 容 简 介

智能家居能为老年人提供很多便利，也为老年人提供了一种新的乐享晚年的生活方式。本书从智能防护、智能照明、智能视听、智能厨卫、智能运动、智能健康等多个领域出发，系统阐述不同类目的智能家居产品能给老年人带来的不同智能生活体验。全书逻辑清晰、内容丰富、深入浅出、贴近生活。阅读本书，了解智能家居，开启智能家居生活新体验。

轻松玩转智能家居：智能时代，父母们的诗和远方

出版发行　中国原子能出版社（北京市海淀区阜成路 43 号 100048）
责任编辑　张　琳
责任校对　冯莲凤
印　　刷　三河市德贤弘印务有限公司
经　　销　全国新华书店
开　　本　710 mm × 1000 mm　1/16
印　　张　13.75
字　　数　151 千字
版　　次　2021 年 10 月第 1 版　2021 年 10 月第 1 次印刷
书　　号　ISBN 978-7-5221-1490-3　　定　　价　79.80 元

网　　址：http://www.aep.com.cn　　E-mail:atomep123@126.com
发行电话：010-68452845

前言

科技改变生活，智能家居能带来很多便利与舒适的生活体验，备受年轻人的追捧，也深受老年人的喜爱。

各种类型的智能家居产品能更好地为老年人减轻行动负担、增添生活乐趣，呵护老年人的身心健康。

当前，仍有很多老年人从未使用过智能家居产品，还有不少老年人对智能家居产品心存疑虑。本书为老年人系统解析现代智能家居产品，展现一种全新的生活方式，具体包括以下内容。

科技改变生活：了解智能家居产品类目，开启生活新体验。

智能防护：呵护人身财产安全，安全居家，安心生活。

智能照明：人来灯亮，可感应、可触摸，还不费电。

智能视听：高清大屏看节目，随时随地听广播，私享外放两相宜。

智能厨卫：多款智能小家电，能做饭，会清洁，减轻家务负担。

智能运动：实时检测心率与睡眠，享受健康生活。

智能健康：多种家居医疗设备，呵护家人健康，打造宜居舒心环境。

全书以智能家居的不同方面为切入点，详尽介绍智能家居的相关知识，书中还特别设置“趣味生活”“答疑解惑”版块内容，提供全面、细致的指导，帮助老年人乐享智能家居生活。

智能家居，关爱老人，创造更健康舒适的智能家居生活，助力老年人乐享健康、乐享幸福。

作者

2021 年 6 月

目 录

第1章 科技改变生活 001

1.1 智能化时代，老年人也爱“科技范” 003
1.2 认识常用智能家居产品，享受美好智能生活 009
1.3 智能家居产品是如何工作的 017
1.4 如何购买智能家居产品 025

趣味生活

夜晚活动，你在哪，灯就在哪 011
多种家务同时做，智能家居产品来帮忙 013

答疑解惑

越智能的家居产品操作越麻烦吗 007
智能家电有辐射，对身体有害吗 018
随手切断电源是不是更省电 020
如何选择智能家电 026
如何在网上选购智能家电 028

第 2 章 智能防护 033

2.1 智能防盗门，不用担心忘带钥匙 035
2.2 智能门禁，看人识人很安全 043
2.3 智能用电，便捷、隐患少 047
2.4 智能监控，能语音、会报警 051
2.5 智能防火防盗 057

趣味生活

摄像头能语音视频，和远方亲人聊天很方便 053

答疑解惑

智能锁没电就开不了了吗 038
智能锁会不会被猫眼、小黑盒开锁 040
安装监控，屋内情况会被其他上网的人看到吗 054

第 3 章 智能照明 061

3.1 声控灯：听见声音就能亮 063
3.2 感应灯：人走过来就能亮 069
3.3 蓝牙灯：用手机连接，随时开灯关灯 075
3.4 触摸灯：开关与亮度调节，碰一下就行 077

趣味生活

声控灯能分得清白天与黑夜 067
感应灯怕热 073
同一盏灯，亮度可以有多种变化 078

答疑解惑

手上有水时触摸开关会触电吗 064
什么是灯光频闪 066
照明越亮、模式越多越好吗 079

第 4 章 智能视听 081

4.1 智能电视 083
4.2 智能阅读 095
4.3 智能聆听 101
4.4 智能音箱 111

趣味生活

夜晚不开灯也能阅读 096
只能听得懂普通话的智能音箱 112

答疑解惑

看电视节目需要购买会员吗 090
蓝牙耳机没有线，需要充电吗 107
怎么给智能音箱改名字 113

第 5 章 智能厨卫 115

5.1 智能保鲜，新鲜食材随手取 117
5.2 美食不用愁，在家也能吃大餐 123
5.3 智能清洁，轻松做家务 139

趣味生活

智能冰箱可以帮你管理身材 120
电动牙刷能提醒你牙齿刷好了 151

答疑解惑

智能电饭煲的预约与定时功能一样吗 124
烤箱温度那么高，会爆炸吗 130
使用空气炸锅烹制的食物会致癌吗 136
洗碗机洗碗不会把碗盘磕坏吗 142
长期使用电动牙刷，牙齿会松动吗 152

第 6 章 智能运动 153

6.1 运动手环 155
6.2 家用跑步机，居家也能散步与长跑 163
6.3 时髦的体感游戏，健身又好玩 169

趣味生活

睡得好不好，运动手环全知道 162

答疑解惑

运动手环有辐射，会伤害人体吗 158
跑步伤膝盖吗 167

第 7 章 智能健康 173

7.1 手机问诊与手机挂号 175
7.2 家用电子医疗设备 185
7.3 智能小家电，营造舒适家居环境 197

趣味生活

不用接触皮肤也可以测量体温 189
智能手机能控制室温 199

答疑解惑

在家能看病，还用去医院吗 180
电子温度计是怎样供电的 190

参考文献 207

第1章 科技改变生活

要点梳理

- 了解智能家居给生活带来的改变
- 了解智能家居多样的种类和丰富的功能
- 熟悉智能家居产品的购买渠道与流程

趣味生活

- 夜晚活动，你在哪，灯就在哪
- 多种家务同时做，智能家居产品来帮忙

答疑解惑

- 越智能的家居产品操作越麻烦吗
- 智能家电有辐射，对身体有害吗
- 随手切断电源是不是更省电
- 如何选择智能家电
- 如何在网上选购智能家电

1.1 智能化时代，老年人也爱“科技范”

1.1.1 智能家居带来的生活新体验

伴随着年龄的不断增长，老年人的身体机能不断下降，在日常生活和处理相关事务等方面逐渐出现越来越多的不便。例如，蹲下和起身不是很灵活，常常忘记烧水，怕冷怕黑等。

如果你也有以上类似的困扰，那么智能化的家居环境能够让你的生活变得更便捷、更舒适。

想象一下下列场景中智能家居带来的全新生活体验。

当你想在家中练习跳广场舞或者听戏曲，但又害怕会影响孩子学习、工作的时候，佩戴方便且能带来沉浸式音效体验的智能蓝牙耳机，可以让你既能享受音乐，又不会打扰家人。

智能蓝牙耳机，安享音乐，不扰他人

吃过午饭后，倚靠在沙发上休息，觉得太阳光有些刺眼，轻轻按下窗帘遥控器，无须亲自起身，智能窗帘就会自动拉上，让你可以安心享受放松舒适的午后时光。

晚上，躺在床上准备睡觉时，突然想起客厅的灯还没有关，不得不再次起身，摸黑穿上鞋子，走到客厅去关灯，关灯之后再摸黑上床，整个过程烦琐，而且对于老年人来说也比较危险。如果在家里安装了智能照明灯具，就不用起身去关灯了，用手机或者遥控器就能关掉房间里的智能灯。

智能窗帘可以通过遥控器来打开或关闭

1.1.2 智能家居产品的操作没有想象中那么难

很多人觉得智能产品操作复杂，不知道该从何处入手，这样的“畏难心理”也让很多老年人面对智能家居产品时不敢去尝试。

其实，耐心地学习和尝试一下，你就会发现智能家居产品使用起来简单又方便。

以洗衣物为例，很多老年人习惯穿羊毛衫、棉质衣服，普通的清洗方法很容易使羊毛衫和棉质衣服缩水、变形，甚至破损。

智能洗衣机则可以用不同的模式清洗不同材质的衣服，只要按下洗衣机操作面板上的“棉麻织物”或“羊毛衣物”按键，洗衣机会自动调节水温、搓洗衣物的力度，这样就不必担心衣服会缩水、变形了。

用智能洗衣机简单又方便

对智能音箱讲话

再以做饭时的情景为例，在厨房忙着做饭，双手刚洗过菜，沾了很多水，这时想要听戏曲，你只要对着智能音箱喊一声，告诉它你想听的戏曲名称或者类别，它就会播放你想听的曲目。

越智能的家居产品操作越麻烦吗

智能家居产品的主要特点是智能化。所谓智能化，就是让一切工作更加简单、便捷和人性化。所以，越智能的家居产品，操作方式越简单。

比如，在手机上轻松滑动就能控制智能电视转换节目；在智能洗衣机上选择好洗衣模式，轻轻按动开始按键，就可以完成从洗衣到甩干的全过程；在智能电饭煲中放入做饭材料，一键启动后等待一段时间就能吃上香喷喷的食物……不同的智能家居产品会让你的生活更便捷、更舒心。

1.2 认识常用智能家居产品，享受美好智能生活

1.2.1 智能防护设备让生活更安全

家中常用的智能防护设备，主要包括带指纹锁的智能防盗门、可开视频对讲或刷卡的智能门禁、安全用电设备、可远程查看的智能监控以及防火防盗感应设备等。

智能家居防护产品让老年人的生活更安全。

当老人独自在家时，如果有人敲门时，通过智能门禁系统你就能清楚地看到门外的画面，确认敲门者的身份。

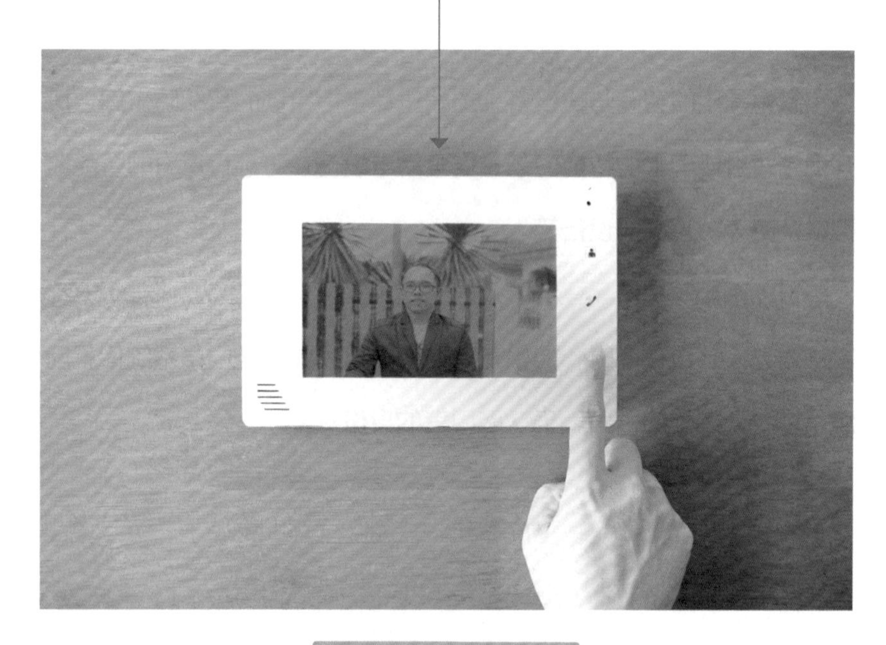

视频对讲的门禁系统

1.2.2 智能照明产品让生活更方便

智能照明产品主要是指各种智能灯具，有用声音控制的声控灯、自动感应的感应灯、手机连接操控的蓝牙灯、触摸就能开关和调节亮度的触摸灯等。

夜晚活动，你在哪，灯就在哪

老年人一般起夜比较频繁，晚上起床摸黑活动比较危险，使用智能灯具则会让老年人在夜间的行动变得安全和便捷。

当晚上要起身去卫生间时，可以先打开卧室的床头灯，或者按动遥控开启卧室的智能灯，出了卧室门后，客厅的自动感应灯就会亮起，到卫生间之后，咳嗽一声，卫生间的声控灯就会自动亮起，可以避免因为摸黑找开关而滑倒或者绊倒。

1.2.3 智能视听产品给你不同的娱乐体验

智能视听产品主要是指提供视频、阅读和音频功能的智能家居产品，包括智能电视、智能电子阅读器、智能音箱等。

这些智能家居产品能够为你播放和展示多种多样的视频节目，让你随时阅读自己喜欢的书籍、收听喜欢的广播等，让你的闲暇时间变得充实、丰富和愉快。

能存储很多电子书籍的电子阅读器

1.2.4 智能厨卫产品帮你分担烦琐的家务

智能厨卫产品主要有智能冰箱、智能锅具、智能微波炉、智能烤箱、智能豆浆机、智能洗衣机、智能洗碗机、扫地机器人、智能吸尘器、擦玻璃机器人等。

智能厨具能够帮你做出可口的饭菜，比如你前一天晚上先将洗好的豆子泡在智能豆浆机中，然后按下定时按钮，第二天早上就能喝到可口的热豆浆了。智能卫生产品能够帮你将家中卫生清理得更彻底，并且为你节省更多的时间用于娱乐和休息。

多种家务同时做，智能家居产品来帮忙

午饭过后，你要刷碗、收拾屋子、洗衣服、擦玻璃或者拖地，这些家务会占用你午休的时间，使你疲惫不堪。有了智能家电后，你可以一边用智能洗碗机洗碗、智能洗衣机洗衣服，一边用智能吸尘器打扫屋子，这样就节省了不少的时间。

在使用擦玻璃机器人擦玻璃时，你再也不用冒险将身子探到窗户外面去擦拭外面的玻璃，按动遥控，机器人会帮你将玻璃擦得干干净净。

1.2.5 智能运动与健康产品守护你的身体

智能运动产品能随时检测你运动时的身体状况，提醒你做合理和健康的运动，这些产品主要包括运动手环、家用跑步机等。

智能健康产品主要有手机问诊挂号等软件、检测和治疗身体的智能医疗设备、用以营造健康居住环境的智能空调以及加湿器和空气净化器等。

运动手环，可实时检测心率

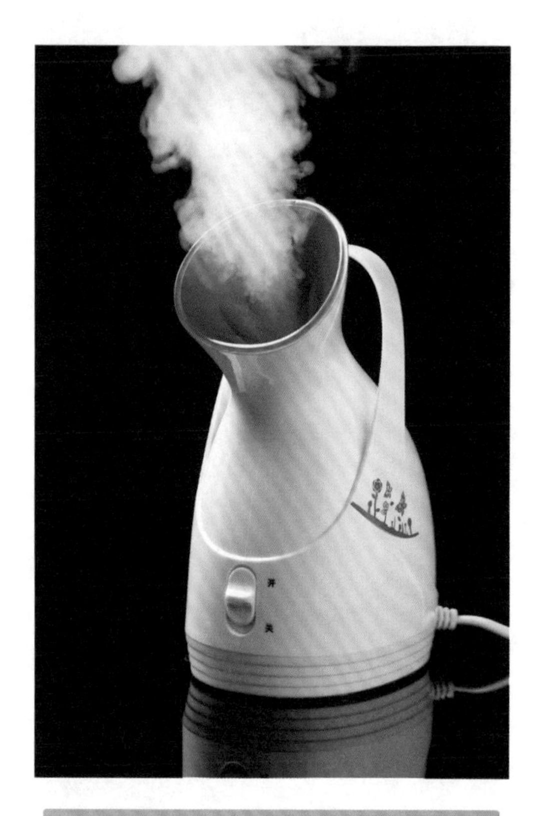

智能加湿器，解决室内空气干燥问题

1.3 智能家居产品是如何工作的

1.3.1 很多智能家电需要连接网络

网络时代，智能家电联网控制已经非常普遍，也为生活带来了便捷。比如，通过联网的智能电视收看电视节目就很方便。

智能电视

如果用传统的电视机看一档电视节目，当你哪天有事错过了电视节目播放时间后就再也无法观看了，而智能电视则可以联网搜索重播，喜欢的电视节目再也不用担心会错过。

当越来越多的智能家电通过感应、识别、定位、激光扫描等设备连接互联网的时候，你就能通过手机控制很多家电，也能远程与你家里的各种智能电器进行“互动”。

或者，当你回到家后在手机上按下“回家模式”，一键就能实现开灯、开空调、开网络、开热水器等一系列的操作。

如今，你也可以用手机控制很多单独的家电，比如用智能烧水器烧水时，如果你担心水烧开后变凉，你可以点选保温模式让水一直保持在某一个温度。

智能家电有辐射，对身体有害吗

现在，很多老年人都非常注重养生，追求健康的生活方式，认为家里联网的智能电器会对身体造成不良影响。其实并非如此，很多智能家电确实都会连接无线网络，并且会产生一定量的辐射，但辐射量非常小，不会对人体造成伤害，所以可以放心使用。

1.3.2 智能家电的自动控制原理

智能家电具有自动检测、控制和调节的功能，它们能够自主控制和调节工作时间和方式，达到最好的工作效果。

有关智能家电的自动控制原理，以下举例说明。

智能电饭锅能够根据加水和米的量调节运行功率和时间，蒸出软硬度和口感更好的米饭。

智能洗衣机能够根据衣服的多少而自动添加适量的水和洗衣粉。

智能冰箱会自动检测到快要过期的食物，提醒你及时进行处理。

智能电饭锅，能蒸饭、能煲汤

智能洗衣机，搓洗、漂洗、甩干，一键搞定

随手切断电源是不是更省电

使用完智能电器后，随手切断电源一定会省电吗？这是很多人都会关心的问题。

其实，用完电器后立马切断电源到底省不省电，还要按照不同情况来判断。

最常见的需要随手切断电源的是家中卫生间的灯具、热水器等。但当周末或晚上，大家都在家的时候，这类电器要不断地被使用，那么随手切断电源其实并不能省电，反而会消耗更多的电能，同时也会对电器造成损耗。

如果超过 2～3 个小时或者更长的时间不使用某种电器，或者要出门一段时间，那么最好在用完电器后或出门前切断电源。

1.3.3 手机软件可以控制家电

因为很多智能家电可以联网，并且能够自动工作，所以通过手机软件控制家电就会很方便。

例如，手机可以控制智能冰箱与门禁。

周末子女、朋友要来聚餐，准备在菜市场买一些新鲜的食材回去，但是你不知道冰箱里还有哪些食材，已有的食材是否还新鲜，这时候你就可以拿出手机，查看智能冰箱中食材的情况。

手机可以连接家中的智能监控器。你平时出门后，是不是经常会怀疑自己没有关门、关灯或者关煤气？如果你的手机能控制家中的监控器，那么你就能随时查看家中情况，再也不会有多余的疑虑和担忧。

手机连接智能冰箱

用手机连接监控器查看家中状况

联网的智能灯可以用手机调节亮度，为你营造更舒适的照明环境；联网的智能空调可以用手机一键开关，打开后可以根据室内温度自动输送冷气或热气。

手机控制智能灯的亮度

1.4 如何购买智能家居产品

1.4.1 认准大品牌，质量有保证

现如今，智能家居产品已经非常常见，有很多大品牌的智能家居产品可供你选择，比如国内智能家电知名品牌有海尔、美的、格力等。

一组智能家居产品

为了保证质量和售后服务，建议你在购买智能家居产品时选择这些大品牌，但具体选择哪一种智能家居产品，可根据自己的喜好来定。

如何选择智能家电

购买智能家电是为了让生活更舒适、便捷和美好，所以应该先考虑实用性以及安全性，然后再根据自己的喜好选择样式。

第一，了解某智能家电是否节能、省电、安全。

第二，考虑智能家电与自己的手机或者家中其他控制系统的兼容性。

第三，按照你喜欢的颜色、形状等进行挑选。

1.4.2 去实体店，先体验，再购物

如果你觉得在实体店或者网店都不能选到让你满意或者放心的智能家电，那么你可以让子女带着或者自己去附近的智能家居体验店，置身其中切身体验和了解一番，然后再去价格和品质都相对合适的线下或者线上网店购买。

智能卧室样板体验间

智能厨房样板体验间

1.4.3 网上购买，送货上门很方便

如今，网络购物非常方便，在手机上打开京东、淘宝或者拼多多等手机购物软件（APP），就可以挑选和购买自己喜欢和需要的智能家居产品了，下单付款后，快递员就会为你送货上门。

如何在网上选购智能家电

在网上购买某一款智能家电之前，首先要对这款产品的性能以及质量等有一定的了解，你可以先到实体店体验和了解，然后再在网上购买。

如果你有意选择某一个值得信赖的大品牌，那么可以在网上看看你想要购买的这款智能家居产品的评价以及销量等，如果评价总体较好，而且销量相对较高，就可以选择这款下单购买了。

以下以使用京东 APP 购买智能家居产品为例，介绍智能家居产品网购的基本流程。

第一步，找到你手机里下载软件（APP）的“商店”（安卓手机中一般叫作软件商店、应用商店或者应用市场，苹果手机中叫作 APP Store），点击进去在首页搜索京东，然后点击“安装”图标，就可以将其安装在手机上了。

在软件商店中搜索并安装京东 APP

第二步，找到京东 APP 的图标，点击打开，在首页中搜索你想购买的智能电器。例如你自己或者你的孙辈在换季时容易感冒咳嗽，那么你可以购买一款智能空气净化器。在京东 APP 首页中搜索“智能空气净化器”，你就能看到很多商品。

第三步，选好想要购买的商品后可以点击“立即购买”，也可以点击“加入购物车”。点“立即购买”或者“加入购物车”后需要先选择规格，选好之后点击“确定”，如果商品有优惠信息，系统会自动计算出最优惠的商品价格。

第四步，点击“提交订单”“付款”就可以了。

如果是加入购物车中，需要在购物车中寻找商品，点击“提交订单”和“付款”。

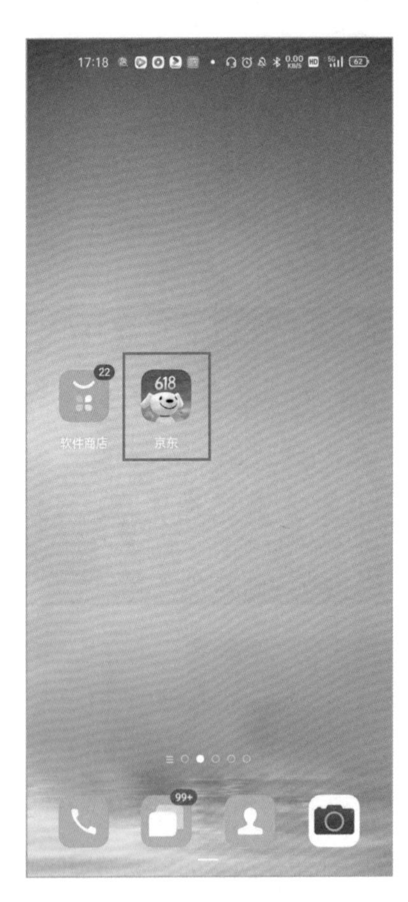

在京东 APP 首页搜索智能家居产品

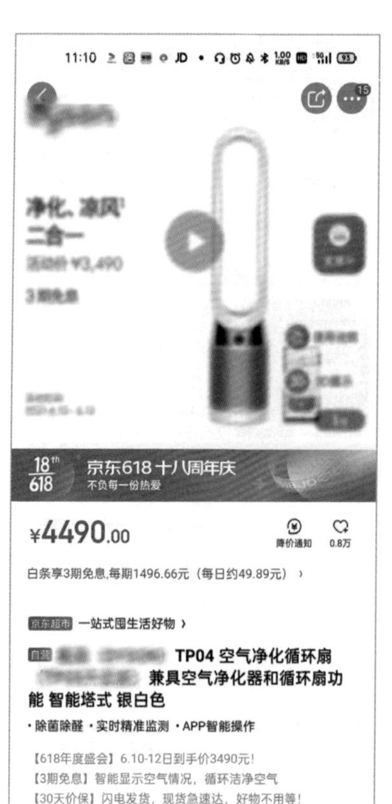

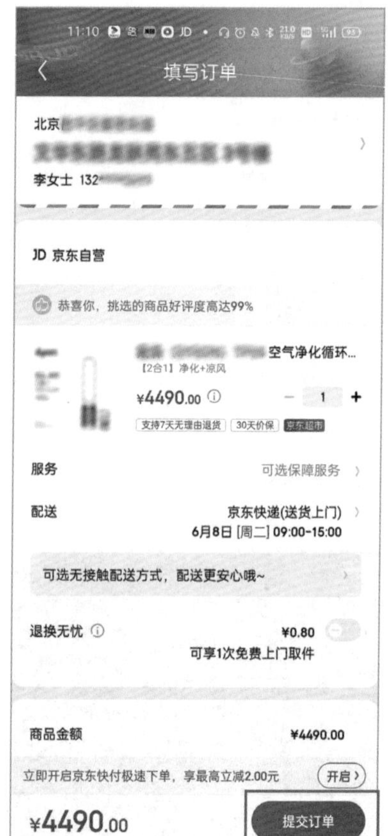

选择商品后提交订单购买

第2章
智能防护

要点梳理

- 了解智能防盗门和智能门禁如何保障居家安全
- 熟悉智能用电家居产品的使用，远离危险
- 关注智能监控，防火防盗

趣味生活

- 摄像头能语音视频，和远方亲人聊天很方便

答疑解惑

- 智能锁没电就开不了了吗
- 智能锁会不会被猫眼、小黑盒开锁
- 安装监控，屋内情况会被其他上网的人看到吗

2.1 智能防盗门，不用担心忘带钥匙

传统的防盗门使用钥匙开锁，配备普通猫眼；智能防盗门，使用指纹或密码开门，不用担心忘带钥匙。电子猫眼，让你不在家也能看到有哪些人来过。

2.1.1 指纹能开门

指纹锁的开锁方式

一般的指纹锁都支持指纹和密码开锁，有的指纹模直接在门把手上，握住门把手，拇指放在指纹模上，指纹验证通过，即可转动门把手开门。也可以先输入密码，然后转动门把手开门。

可用密码或指纹开锁的智能门锁

现在，很多指纹锁不仅提供指纹和密码开锁，还支持其他开锁方式。

新型开锁方式使得指纹锁的应用场景更加广泛。

例如，当亲友来拜访而自己恰好不在家时，可以使用远程操控开锁或者使用一次性临时有效密码开锁，避免亲友在门外等待。

再比如，家里请了保姆或者小时工，可以使用周期有效的临时密码开锁，方便工作人员来家工作时使用。

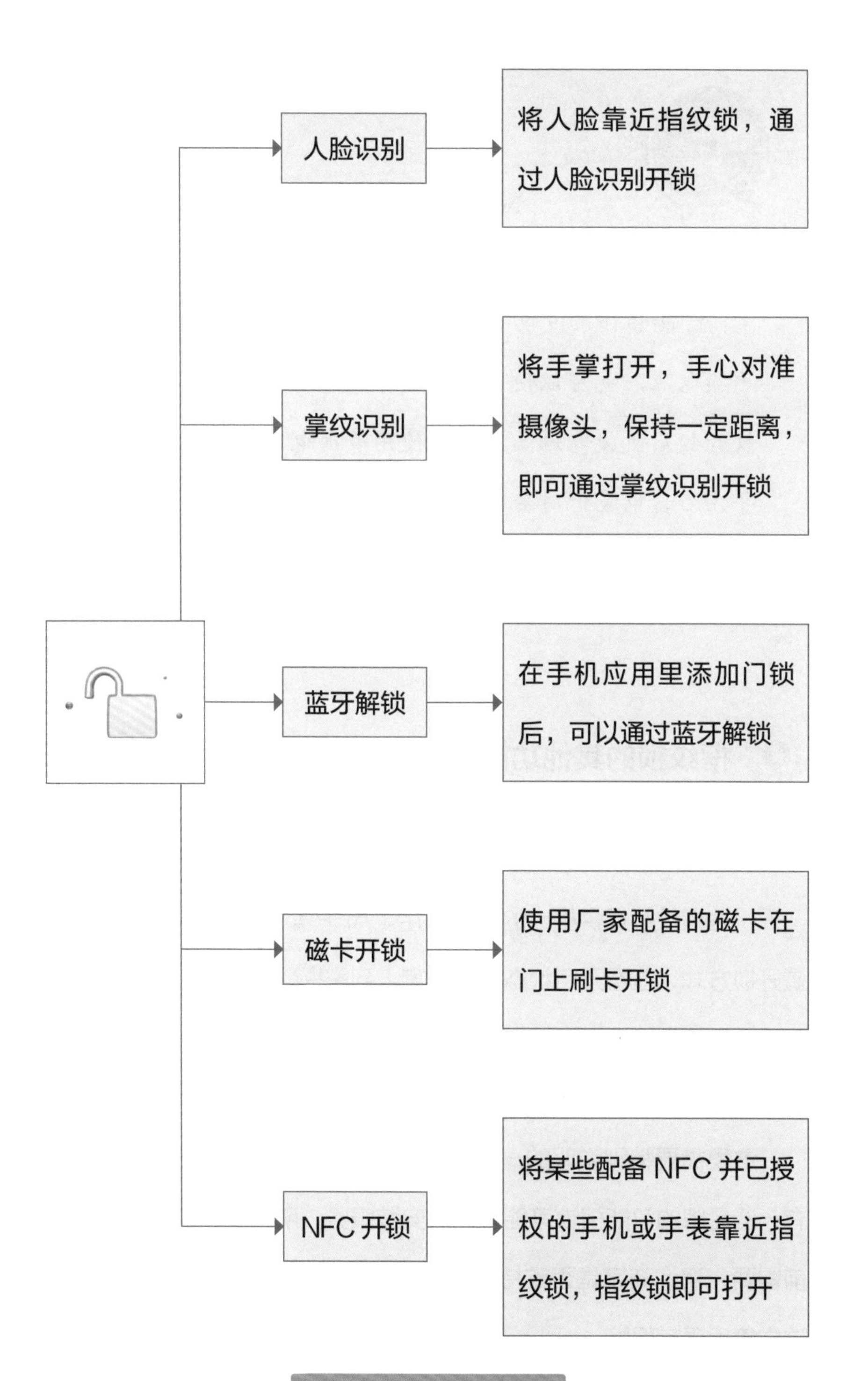
人脸识别
将人脸靠近指纹锁，通过人脸识别开锁
掌纹识别
将手掌打开，手心对准摄像头，保持一定距离，即可通过掌纹识别开锁
蓝牙解锁
在手机应用里添加门锁后，可以通过蓝牙解锁
磁卡开锁
使用厂家配备的磁卡在门上刷卡开锁
NFC 开锁
将某些配备 NFC 并已授权的手机或手表靠近指纹锁，指纹锁即可打开

指纹锁的多种开锁方式

智能锁没电就开不了了吗

智能锁如果没电了，可以使用机械钥匙开锁后，再更换电池。也可以使用充电宝等应急供电，然后使用指纹开锁后更换电池。指纹锁使用普通电池一般能续航一年左右，电量低时会有提醒功能。也可以为指纹锁连接电源，这样能保证指纹锁一直有电。

指纹锁的其他功能

智能指纹锁除了开锁方式多样，还兼具许多其他功能。

一些指纹锁提供相应的手机应用（APP），在手机应用里可以设置开锁方式、查看开门状态、接收家人到家提醒以及查看开锁历史记录等，有的指纹锁还可以与家里其他智能设备联动，比如开门后自动亮灯，关门后打开摄像头等。

这里需要特别说明的一点是，智能防盗门需要专业的工人安装，有一些品牌的智能门锁可能不提供安装服务，所以在购买智能门锁之前需要先咨询商家是否支持安装。在购买时要选择正规厂家大品牌，这样售后更有保障。

主人听到门铃知道有访客到来

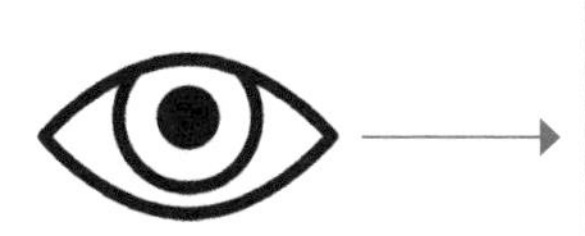

自带电子猫眼，自动抓拍门口的图像与声音

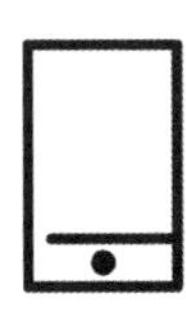

搭配手机应用，开锁情况全掌握

当多次开锁失败时，门没关好时，以及门锁被破坏时，发出声光报警

指纹锁的其他功能

智能锁会不会被猫眼、小黑盒开锁

一些智能锁，在设计时具备防猫眼功能，使用猫眼工具是开不了锁的，在电路和结构上也做了防护设计，防止小黑盒开锁，因此在选购智能锁时，选择具备这类防御功能的产品即可。

2.1.2 电子猫眼

猫眼能够在不开门的状态下就能看到门外的情况，但是传统猫眼可能存在安全隐患。

随着科技的发展，人们研究出了电子猫眼，即可视门铃，它兼具猫眼和门铃的功能。

电子猫眼有如下优点。

- 电子猫眼具有夜视功能，即使是在漆黑的夜晚也能看得清楚。
- 电子猫眼超广角，大视野，上下左右都能看清楚。
- 室内配有显示屏，可以通过显示屏观看外面的情况，也可以通过手机应用直接查看，这让视力不好的老人和身高不够的儿童也能方便使用猫眼。

- 电子猫眼的材质一般为合金外机，有效防撬。
- 电子猫眼配有手机应用。即使不在家，我们也能通过手机应用实时查看家门口的情况。
- 电子猫眼能抓拍。当门口有动静时，电子猫眼就抓拍照片或视频，以报警消息的形式自动存储到存储卡或上传到网络，手机收到提醒可以实时查看，让不法分子无机可乘。抓拍的照片或视频可以在网络上或存储卡里存储一段时间，方便回看和保留证据。

在手机上查看访客记录

- 配备电子门铃。家里没人，外人按门铃时，可以通过手机实时查看并进行视频通话，方便接收快递、外卖等。也可以在手机应用上点击“访客记录”，来查看电子门铃的使用记录。

电子猫眼就像是安装在家门口的实时监控系统，每天为主人守护看家，能让居家生活更安全。

特别提醒的一点是，在购买电子猫眼前，要注意查看电子猫眼适配的门厚度、支持的门孔直径，向商家确认自己家的门是否可以安装该种型号和尺寸的电子猫眼。

2.2 智能门禁，看人识人很安全

2.2.1 小巧门禁卡，“滴”一下就开门

有了门禁系统，主人不下楼就能为客人开门，还能够防止不认识的人进入楼内，保障了居民的安全和环境的卫生。

现在的门禁系统，一般不使用钥匙而是配有门禁卡，将门禁卡靠近读卡器，门发出“滴”的声音后就自动打开了。

新型门禁卡操作方便、易携带，有的门禁卡直接与小区电梯数据对接，刷门禁卡可以直接乘坐到所居住的楼层，方便业主乘坐电梯，也能有效避免非小区人员随意进出。

刷门禁卡直达居住楼层

2.2.2 避免门禁卡消磁

门禁卡会消磁，是由于受到较强的外部磁场干扰，外部磁场影响了门禁卡里的磁条，将已经写入的数据破坏，门禁卡消磁后会无法正常使用。

为了防止门禁卡消磁，在存放门禁卡时，尽量避免和以下物品一起存放：手机、电脑、磁铁等带磁物体。同时，门禁卡要远离电磁炉、微波炉、电视、冰箱等电器周围的高磁场区域。

2.2.3 视频对讲开门，能看到访客更安心

有些新型智能门禁系统支持视频对讲开门，通过视频可以看到来人的情况，能有效避免不法分子乘虚而入。

通过门禁与访客视频、对话

新型智能门禁系统一般还可以搭配手机应用，使用手机扫二维码或者通过 NFC 开门禁。

智能门禁的优点如下。

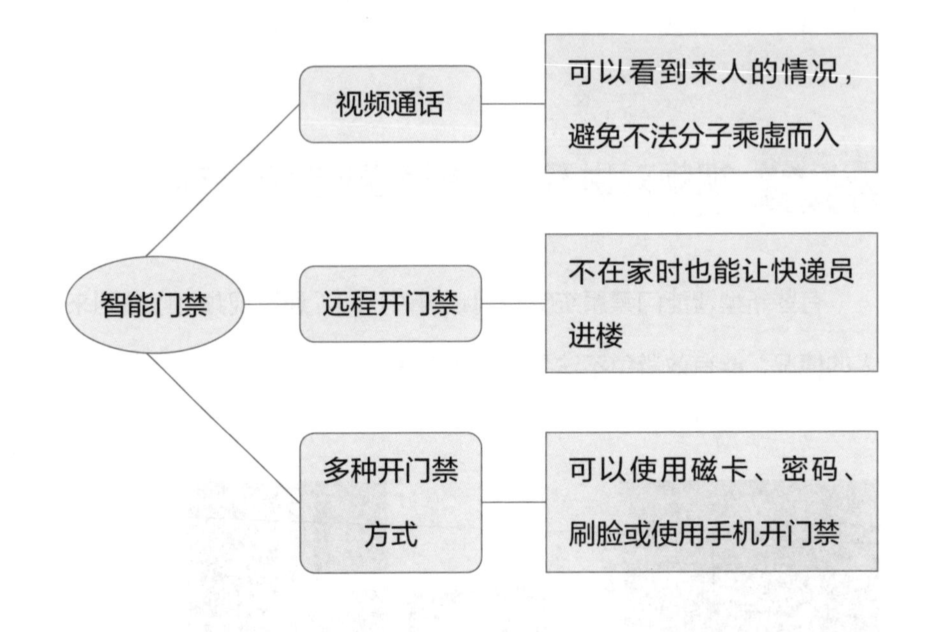
智能门禁
视频通话
可以看到来人的情况，避免不法分子乘虚而入
远程开门禁
不在家时也能让快递员进楼
多种开门禁方式
可以使用磁卡、密码、刷脸或使用手机开门禁

智能门禁的优点

2.3 智能用电，便捷、隐患少

2.3.1 智能充电更便捷

手机、蓝牙耳机、智能手表等经常需要充电，有的甚至需要一天一充，传统的充电方式是将数据线插入这些设备的充电口，用“有线”的方式充电。

新型智能充电技术，可以将设备（手机、蓝牙耳机等）直接放在充电器上充电，是“无线”的方式，能有效减少桌面电线的数量和电线相互缠绕，使得桌面更加整洁。

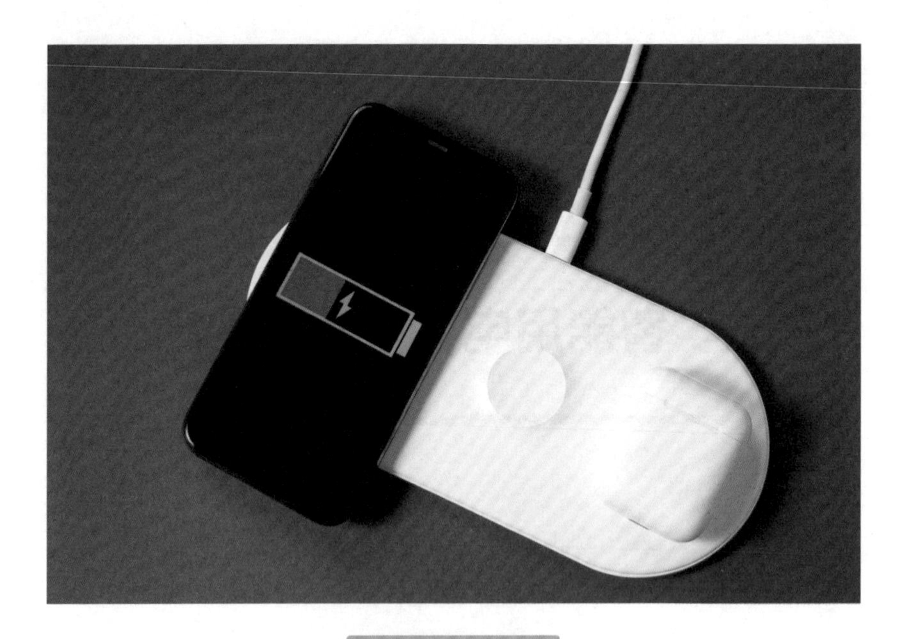

正在充电的手机

2.3.2 安全插座减少隐患

家用插座十分常见，一些老年人不注意用电安全，可能发生用电危险；儿童好奇心强，对小孔感兴趣，容易将小手指伸到插座孔里造成意外危险。

为了老人和孩子的安全，家用插座的安全使用值得高度重视。

市面上有触电插座保护盖，可以将小孔罩住，防止老人或者儿童误触摸。但是这种保护盖只是能防止触摸小孔，如果保护罩掉了，仍然可能发生危险。

新型的安全插座可以从根本上解决这个问题。这种插座能智能识别出插入物是否为电器插头，只有将电器的插头全部正确插入，插头才能通电。因此，儿童将小手指伸入插孔或老人误操作时，插座是不通电的，这就有效避免了错误触摸而触电的危险情况的发生。

2.3.3 触摸开关不积灰

触摸开关是一种通过触摸的方式来操作的新型开关。

现在很多家电都配有触摸开关，如电灯开关、电磁炉、电压力锅、抽油烟机、电烤箱、电水壶、电热水器等。

与旋钮开关相比，触摸屏更美观，更平整，不会积攒污垢，更方便做清洁。

智能电磁炉触摸面板

2.4 智能监控，能语音、会报警

2.4.1 远程监控随时看

现代化城市里到处都有监控：交通岗、公园、博物馆、车站、商场、小区等。一般公共场所都配有监控，监控的出现有效地维持了城市的秩序，降低了犯罪率。

随着监控价格越来越亲民，功能越来越强大，越来越多的家庭也开始购买监控设备用于家庭防护。家庭用监控设备一般安装在门前、庭院中或者房间里。可以使用监控来防止盗贼，也可以使用监控查看儿童或老人在家的情况，避免危险发生。

新型的智能监控不仅摄像头更高清，功能也更加齐全。新型的智能监控优点如下：当有人进入监控范围时，摄像头会识别人脸，进行跟踪，并将视频存储到内存卡或服务云中，方便主人回看。

有了智能监控，通过手机就可以实时远程查看家里的情况，十分方便。当老人或者青少年独自在家，儿女或者父母不放心时，可以在房间里安装监控，实时查看家里老人或孩子的情况，避免意外发生。

智能监控还可以进行语音对话，可以让手机端和摄像头端随时对话沟通。

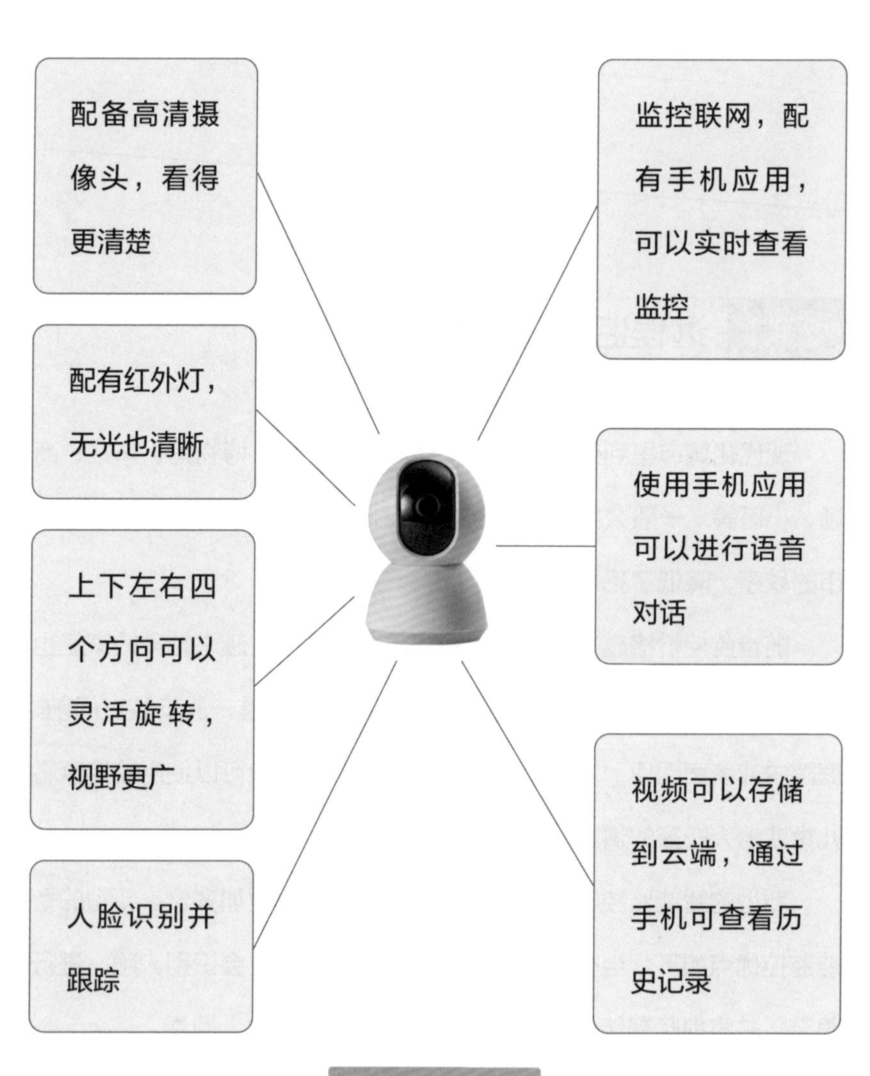

智能监控的优点

摄像头能语音视频，和远方亲人聊天很方便

智能监控可以与手机连接，安装时，下载摄像头的手机应用，打开应用，注册并登录账号，用手机扫描、添加摄像头设备，这样手机就和摄像头连接上了。

点击手机中安装的摄像头应用，可以实时远程查看家里监控，点击通话可以直接通过摄像头与家人通话。

一些智能摄像头上也有电话标识，点击它可以直接拨通摄像头所绑定的手机，与在外的家人通话。

2.4.2 监控视频“云”保存不会丢

监控视频可以存储到内存卡或服务云（互联网虚拟存储）中，存储到服务云中的视频可以直接用手机查看，操作简单快捷，而且不会丢失。但由于视频占用空间大，通常厂家提供的云存储有限，如果想要一直使用云存储一般需要付额外的费用。

以某品牌智能摄像头为例，在手机安装的摄像头应用界面中，点击“我的”，再点击“云盘”，可以查看存储在云盘上的视频信息，如下图所示。

使用手机应用查看云视频

安装监控，屋内情况会被其他上网的人看到吗

监控视频存储在“云”上时，是以加密的形式存储的，而且只有与设备关联的账号才有权限查看视频。

因此，除了授权的账号，其他人是看不到存储在“云”上的监控视频的，不用担心视频被他人看到而导致隐私泄露。

2.4.3 声控报警用处大

智能监控系统不仅能监测人脸人形，还会追踪声源。当有异常声音出现时，监控还会报警并发送提示信息到手机端。当婴儿啼哭或者老人不小心摔倒呼救时，外出的家人能及时收到家中的报警信息，方便查看情况，及时采取相应措施。

2.5 智能防火防盗

2.5.1 红外探测器

红外探测器可以探测有热量的物体发出的红外波，因此可以在无人看管的地方安装红外探测器。当有外人没有通过正常渠道进入家中时，红外探测器可以根据探测到的红外波的变化而检测出异常，从而发出警告提醒主人有人闯入。

新型的红外探测器还可以配合其他智能家居产品一起使用，共同打造安防系统，更好地提醒主人注意家中发生的异常情况以便及时处理，让居家生活更安全。

2.5.2 门窗传感器

门窗传感器与红外探测器类似，都能感应到人体移动，有异常时能及时提醒主人，因此它也可以用来构建家里的安防系统。当主人离家，有外人闯入时，门窗传感器会向手机发送警示信息。

门窗传感器可放置在楼道、门窗、床边等地方，当检测到有人或宠物移动时，就会向手机应用发出通知。门窗传感器还可以与其他家居智能产品联动，例如当夜晚检测到有人起床时自动开灯。

市面上还有一种简易的门窗报警器，它配有一对门磁，安装时将门磁分别装在门与门框上或窗与窗框上，当门或窗被打开时，就会发出报警声音，引起主人注意。相比于监控和门窗传感器，这种门磁式的门窗传感器价格要便宜很多。

2.5.3 烟感报警器

烟感报警器一般安装在房屋顶部，当室内的烟雾浓度过大时，烟感报警器会发出报警声音提醒。

还有的烟感报警器上配有摄像头，在检测烟雾的同时实现室内监控，可以通过手机实时查看和了解室内的烟雾状况。

烟感报警器

第 3 章
智能照明

要点梳理

- 了解智能照明设备的种类
- 认识不同智能照明设备的工作模式
- 熟悉不同智能照明设备的具体操作方法

趣味生活

- 声控灯能分得清白天与黑夜
- 感应灯怕热
- 同一盏灯，亮度可以有多种变化

答疑解惑

- 手上有水时触摸开关会触电吗
- 什么是灯光频闪
- 照明越亮、模式越多越好吗

3.1 声控灯：听见声音就能亮

“有声就亮、无声就熄”的声控灯在日常生活中有着广泛的应用，一方面它可以有效节约资源，另一方面它使用起来十分方便，只要“一声令下”，光亮就会出现在眼前。

对于老年人来说，在家里安装声控灯是个不错的选择。

3.1.1 声控灯适合安装在这些地方

声控灯适用的范围非常广，你完全可以根据自己的需要在自己房间的不同位置安装声控灯。

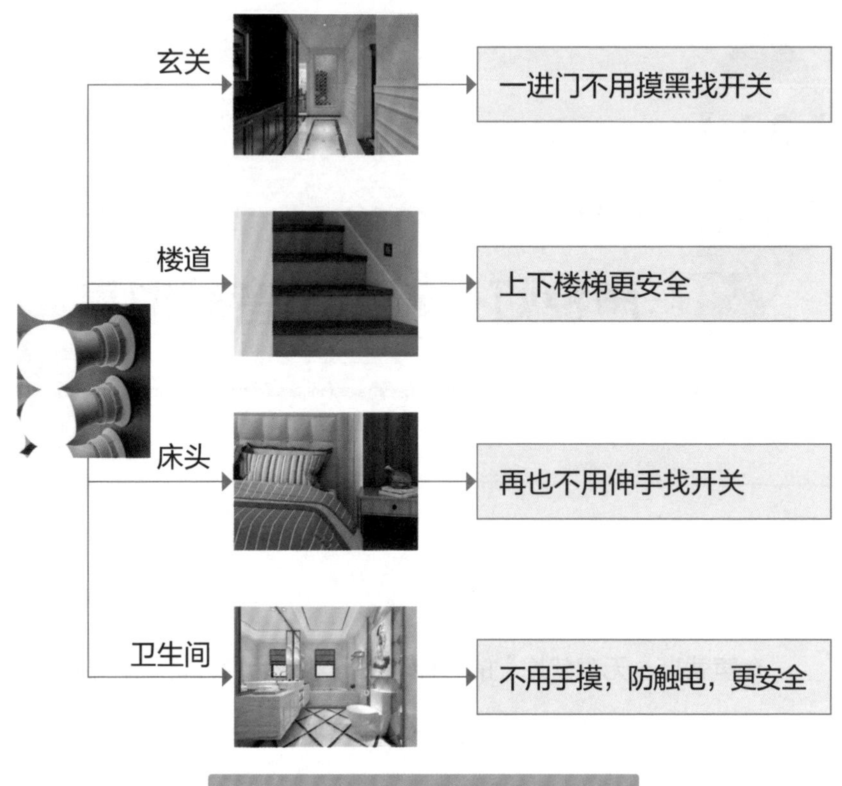

声控灯适合安装在房间的多个位置

手上有水时触摸开关会触电吗

人们一般认为只要开关符合安全标准，正常按动开关就不会触电，通常情况下，的确如此。但是如果手上有水时去触摸开关，就会有触电的危险。因为手上的水可能会进入开关的缝隙，这就会引发触电。

所以，尽量不要用带有水的手去触碰电源开关。可以在卫生间或者厨房准备一块毛巾，洗完手或者洗完菜后，将手擦干再触摸电源开关。

3.1.2 声控灯的工作模式要知道

现在，很多声控灯不仅仅只有声控一种模式，还有其他一些模式。

老年人在使用声控灯时，了解声控灯的工作模式很有必要，这样一方面可以避免浪费电，另一方面可以更好地享受生活。

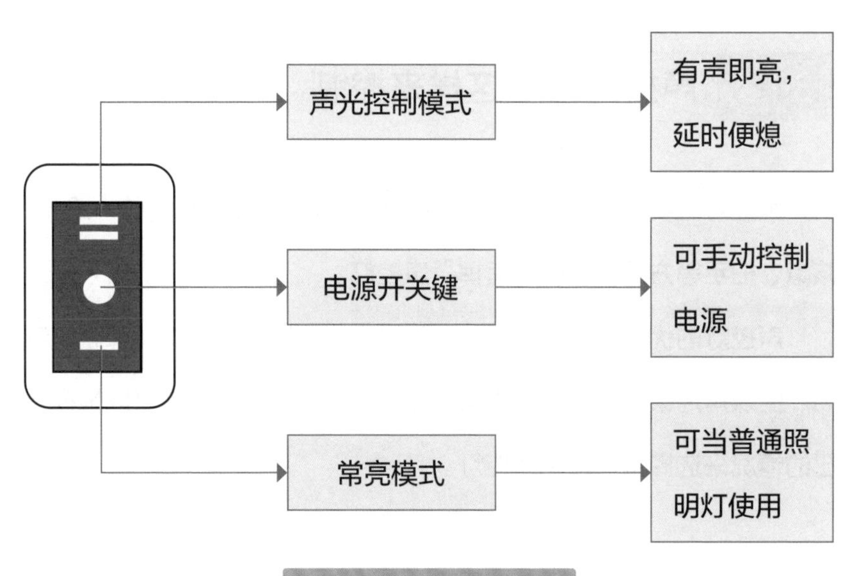

声控灯的常见工作模式

什么是灯光频闪

灯光频闪是指灯具发出的光呈快速、重复的变化，不停地跳动，十分不稳定。灯光频闪一般分为两种，一种是可以被人眼看到的频闪，另一种是不会被人眼看到的频闪。无论是哪一种，都会对人体造成伤害，比如会引发脑细胞损伤，影响视力健康，诱发偏头疼等。

3.1.3 声控灯可以这样来控制

声控灯主要是靠声音来控制的，所以操作起来比较简单，跺脚、咳嗽、拍手等方式都可以“指挥”声控灯。

声控灯的优势是显而易见的，不过声控灯也有其缺点，那就是容易产生噪声污染，你制造的声音可能会影响到其他人，你可以根据自己的情况来选择是否使用声控灯。

跺脚

跺一脚，声控灯就会亮。不过不要使劲跺脚，以免影响房间内的其他人或楼下邻居

咳嗽

咳嗽一声，声控灯就会亮。不过也不必大声咳嗽，声音达到一定分贝即可

拍手

拍下手，声控灯就会亮。这种声控方式最为方便，产生的噪声也比较少

声控灯的不同操作方法

趣味生活

声控灯能分得清白天与黑夜

在使用声控灯时，你会发现这样一个有趣的现象，那就是在光线充足的时候，无论发出多大的声音，灯都不会亮，而在黑暗的环境中，轻轻一拍手，灯就亮了，

是不是觉得很奇怪？从声控灯的全名中就能发现其中的小奥秘，声控灯全名为“声光控灯”，其实是由声音和光线同时控制的。也就是说，声控灯只有在较暗的环境中遇到声音才会亮，在明亮的环境中，无论周围的声音多大，它都不会亮。

3.2 感应灯：人走过来就能亮

感应灯实际上是利用红外线来感应身体释放的热量而自动控制光亮的一种新型的绿色节能照明灯。

不用发声，不用按开关，人来即亮，人走便熄，光感合一的感应灯使用起来十分方便。老年人如果喜欢安静，就可以选择使用这种类型的智能照明灯具。

3.2.1 感应灯安装在这些地方很合适

感应灯使用起来方便节能，适用范围非常广，感应灯安装在家里的不同地方，可以满足不同房间与位置的照明需求。

当然，如果你愿意，你可以将感应灯安装在任何你需要的地方，以方便自己的居家照明需求。

走廊 → 人走来就亮，人离开之后便熄灭，方便又省电

楼道 → 安装于楼梯拐角处，方便上下楼梯

洗手间 → 人在就亮，人走才灭；不用触碰，十分安全

衣帽间 → 打开衣柜灯便亮，找衣服非常方便

杂物间 → 不用摸黑找开关，人来灯亮，找到东西离开后灯便熄灭

感应灯的使用场景

3.2.2 了解感应灯的工作模式

感应灯有的只有一种工作模式，而有的有多种工作模式，了解它的工作模式，可以更好地操作和使用感应灯。

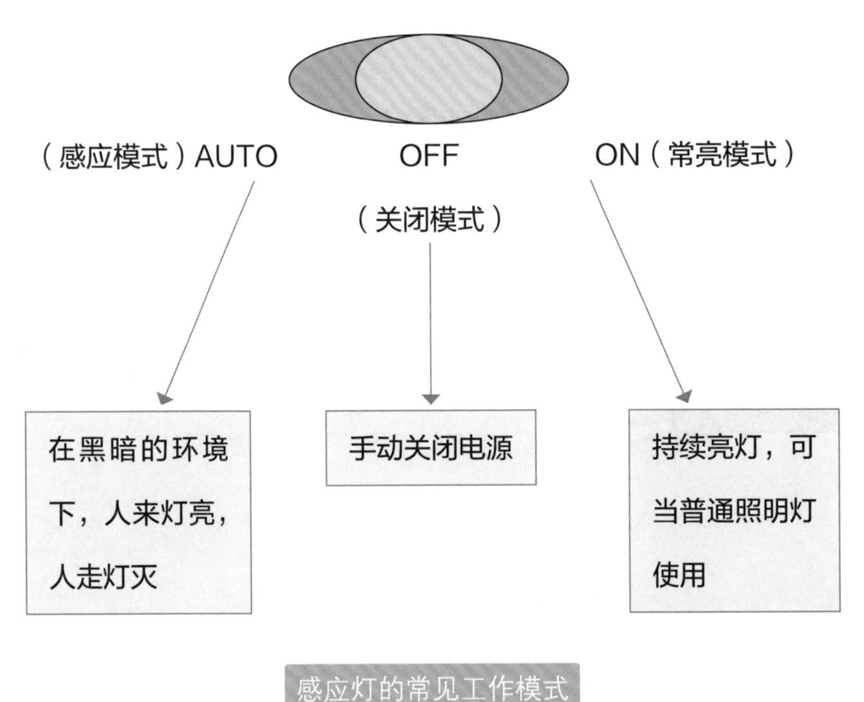

感应灯的常见工作模式

还有的感应灯的工作模式是：点击一下开灯，点击两下常亮，点击三下关灯，长按可以调节亮度。

不同的感应灯其工作模式也有所不同，在使用之前需要了解清楚，以便更好地使用。

3.2.3 感应灯可以这样来操作

不同的感应灯，其操作方式也是不同的，但其原理不会改变，即感应人体。

走过感应区域，身体靠近灯就亮灯，离开之后灯自动熄灭

有些安装在隐蔽地方的感应灯需要伸手去感应，手在灯前晃一下，灯就亮了

感应灯的两种常见操作方式

市场上的感应灯类型、功能多样，操作方式也有所差异，但总体大同小异，在使用之前需要全面了解，以便合理使用。

感应灯怕热

因为感应灯是通过感应热量来工作的，所以在安装感应灯时尽量离热源远一些，也就是尽量不要把感应灯安装在暖气、空调等散热物附近，以免影响灯的使用效果。另外，为了安全起见，尽量不在极其潮湿的环境中使用感应灯。

3.3 蓝牙灯：用手机连接，随时开灯关灯

老年人如果想要充分享受智能照明带来的生活乐趣，使用蓝牙灯是一种不错的选择。

蓝牙灯是一种智能型家居照明灯，它是通过蓝牙发射指令到连接在电器和插座之间的接收器来控制灯的开与关。只需要一部手机，就可以随手控制家中的照明情况。

蓝牙灯可以安装在客厅、卧室、厨房等任何你想安装的地方。手握一部手机，家中的蓝牙灯就可任你操控。

使用蓝牙灯，如何操作蓝牙灯是关键，你可以按照以下步骤进行操作。尽管不同的蓝牙灯的使用操作过程略有不同，但总体差别不大。

第一步：点开手机“设置”图标，找到“蓝牙”选项，点击“进入”，选择开启蓝牙功能。

第二步：用手机扫描蓝牙灯上或说明书的二维码安装 APP，下载之后点击 APP 图标进入界面。

第三步：打开蓝牙灯，确保其电量充足，然后在手机 APP 界面点击“主页”—“灯控列表”—“扫描”，搜索到蓝牙灯后进行勾选，蓝牙灯就被添加到了灯控列表中。

第四步：点击“返回”，然后点击蓝牙灯图标进入连接控制界面，点击“图标”—“连接”，连接成功之后，就可以用手机操控蓝牙灯了。

具体的操作过程可能会随蓝牙灯的不同而有所变化，在使用的时候可根据具体情况加以操作。

当手机连接蓝牙灯之后，就可以通过手机来对蓝牙灯的开关、亮度、色调、情景等进行控制，充分享受蓝牙灯所带来的生活便利。

3.4 触摸灯：开关与亮度调节，碰一下就行

触摸灯是用 LED 做成一种节能灯，省电耐用，而且十分明亮。可以将触摸灯放在房间内的台面上、墙面上，甚至天花板上，用途广泛且方便。

只要将触摸灯充满电，用手触摸，就可以控制灯的开关与亮度。

例如，晚饭后想看会儿报纸，可以通过触摸智能灯的开关或触摸智能灯的亮度条，将灯的亮度调到最亮。

当夜晚打算休息睡觉时，又可以再次（多次）触摸智能灯的开关或触摸智能灯的亮度条的另一端，将灯的亮度调到最暗，这样原本很亮的阅读用灯就可以变成一个小夜灯了。

一摸就亮的触摸灯能满足不同情况下的照明需求，这能为老年人的生活带来更多便利。

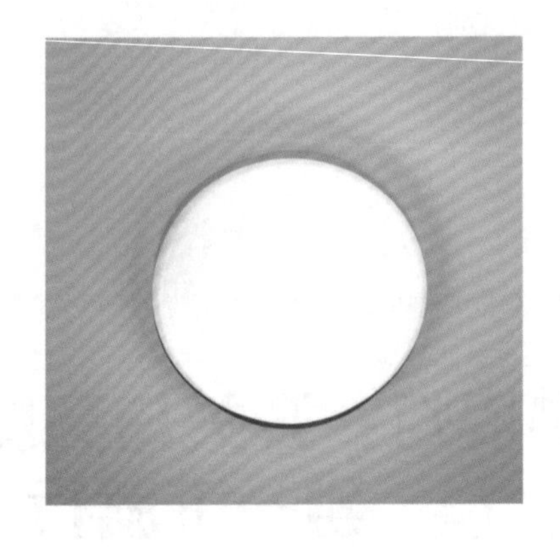

触摸灯的工作模式

同一盏灯，亮度可以有多种变化

触摸灯通常是可以调节亮度的，一般分为不同的亮度模式，只要用手触摸，就可以自由切换。低亮模式的灯光比较轻柔，光线不会直射眼睛，适合起夜时使用。中亮模式的灯光自然柔和，既不会刺眼，也不会太暗，适合当作壁灯使用。高亮模式的灯光明亮，适合读书时使用。

照明越亮、模式越多越好吗

照明并不是越亮越好，也不是模式越多越好。灯光亮度只要合适就好，没必要太亮，太亮对眼睛不好。模式也没有必要太多，太多可能会造成使用混乱，影响使用效果。

第 4 章

智能视听

要点梳理

- 认识智能视听设备
- 了解智能电视的特点与功能
- 了解电子阅读器、手机阅读软件
- 认识不同的智能音箱

趣味生活

- 夜晚不开灯也能阅读
- 只能听得懂普通话的智能音箱

答疑解惑

- 看电视节目需要购买会员吗
- 蓝牙耳机没有线，需要充电吗
- 怎么给智能音箱改名字

4.1 智能电视

4.1.1 了解智能电视硬件设备

想要收看电视节目，只有一个大大的电视屏幕是不够的，还需要接收信号、转换信号的设备，这样才能在电视屏幕上看到画面、色彩，听到声音。

认识机顶盒

电视屏幕里的画面、声音是从哪里来的呢，答案就是机顶盒。

机顶盒，也叫“机上盒”，是一个帮助电视机连接网络信号的设备。在机顶盒的帮助下，网络数字信号可以转变成电视中播放出来的各种内容。

简单来理解，机顶盒就是一个把看不见、听不到的电视信号转变成能看到、能听到的电视画面和声音的盒子。

机顶盒上有很多插口，一些用来连接网络设备，一些用来连接电视屏幕、音箱等设备。

机顶盒

了解路由器

路由器可以连接网络信号，有了网络信号，才能看到各种电视节目、直播节目。

家用路由器的样式多种多样，通常由路由器盒加上信号杆构成，不同品牌和型号的路由器，信号杆的数量不等，可能是一个、两个或者是三个。

路由器

电视显示屏与遥控

老年人都知道，电视机刚出现时，机箱很大、屏幕很小，而且电视画面是黑白的。

现在的智能电视屏幕厚度越来越薄，屏幕尺寸也比以往更大。

对于老年人来说，用一个大尺寸的电视显示屏来观看电视节目是非常好的，大尺寸的电视屏幕能够显示更大的电视画面，看起来不费力，眼睛不容易疲劳。

壁挂电视屏

带脚电视屏

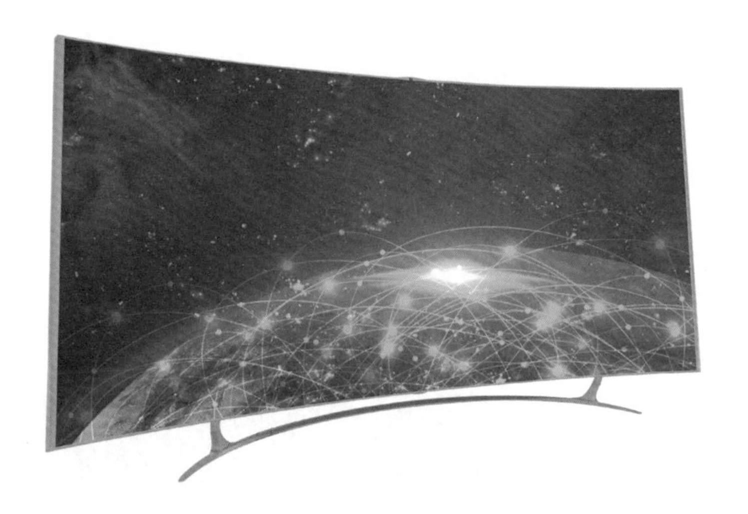

曲面电视屏

与传统的电视机遥控器相比，智能电视遥控器也产生了很多变化。智能电视遥控器的按键更少，体型更小巧，触感更舒适，外观更简约大方。

传统遥控器与智能电视遥控器

4.1.2 连接 WiFi

智能电视的使用，需要硬件和软件的共同支持。

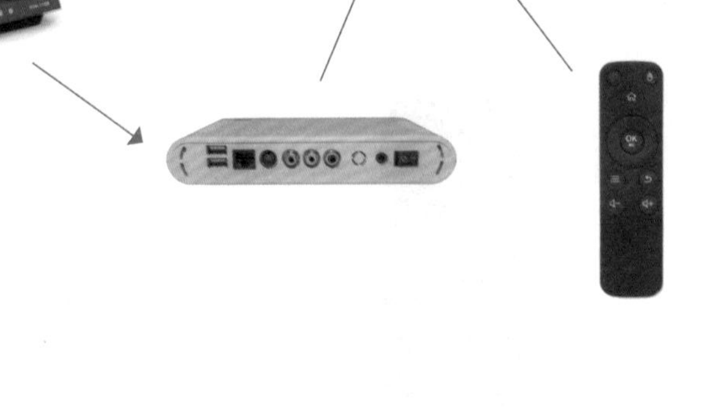

智能电视接收信号、呈现电视画面与声音的过程

连接电视机相关设备，并接通电源，这时，所有的硬件设备都准备好了，接下来就需要给电视机连上网络。

通过电视机查找家里的网络，找到 WiFi 名称，输入 WiFi 密码，就可以让电视机连接上网络信号了。

接通网络信号后，就能收看电视节目或网络直播节目了。

4.1.3 选节目、看直播

联网后的智能电视可以通过遥控器来选电视节目或网络直播。

使用智能电视遥控器，可以通过按键进行上下、左右翻页，选择不同种类的电视节目。你可以根据自己的兴趣爱好选择自己想看的电视节目。

如果想要收看网络直播的晚会或电视节目，也可以通过智能电视找到节目的播放入口后进行观看。

智能电视屏节目内容展示

看电视节目需要购买会员吗

智能电视节目中有很多热门节目往往只能点开看几分钟，之后屏幕上会出现提示购买会员的情况，这是怎么回事呢？

另外，一些热播电视剧或综艺节目，播放平台会在节目前和节目中插播广告，购买会员后可以免看广告，也就是在播放电视节目时会自动跳过广告，只播放节目内容。

会员也分为不同的级别，高级 VIP 会员不仅可以免看广告，还可以超前点播，比其他人更早看到节目最新更新的内容。

当然，如果不想购买会员，可以在观看节目时耐心等待广告播放、等待电视剧集更新完成后再观看。

4.1.4 手机与电视可以共屏

手机上有很多播放视频的软件，例如腾讯视频、优酷视频、爱奇艺等，在这些手机 APP 上可以搜索与播放相关电视节目。

当然，对于老年人来说，手机屏幕小，用手机看电视节目眼睛很容易疲劳，有一种方法可以解决这一问题——手机投屏。

将手机画面投屏到大尺寸的电视屏上，有三种方式可以实现。

- 使用手机系统自带的投屏功能。
- 使用手机视频播放软件（APP）的投屏功能。
- 使用专门投屏的手机软件来实现手机画面投屏到电视屏上。

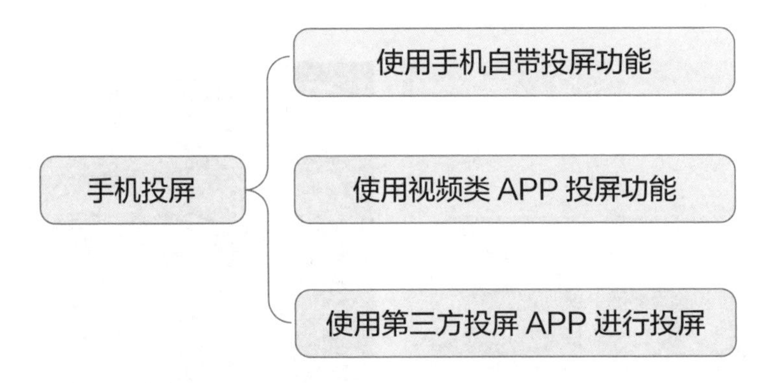

手机屏幕画面投放到电视屏幕上的不同方式

安卓系统手机投屏的操作步骤和路径大体相似，只是不同品牌的手机具体操作步骤名称略有不同。

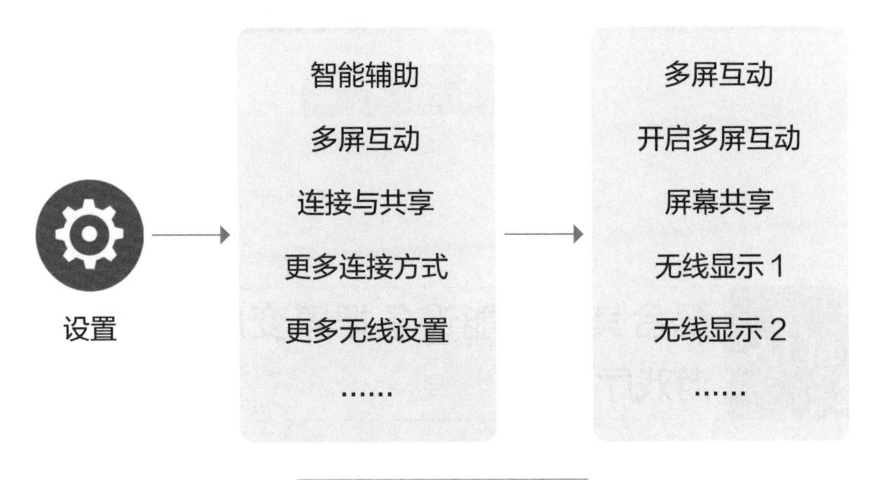

安卓系统手机投屏功能

ios 系统手机投屏的具体操作步骤如下：解锁屏幕—上滑或下滑屏幕—寻找和点击屏幕镜像—搜索家里的电视机，选择电视机型号（名称）完成投屏设置。这样，就可以将手机播放的画面内容共享到电视屏幕上了。

ios 系统手机投屏功能

4.1.5 配合其他智能设备把家变成电影院、游戏厅

大尺寸的智能电视屏连接其他配套智能设备，还能带来更多不一

样的使用体验。

智能电视连接游戏手柄可以打电子游戏（如开车）、运动游戏（如高尔夫）、老年操舞游戏等。

用电视屏打游戏的祖孙

3D 电影是画面很逼真的一种电影，戴上 3D 眼镜观看 3D 电影，能感受到画面中的人或物体就像真的出现在你眼前一样。这样的观影体验在家也能拥有。

使用大屏幕的智能电视全屏播放电影画面，再佩戴上 3D 眼镜或 VR 虚拟眼镜，就能把家变成电影院，在家也能享受到良好的观影体验。

戴着 3D 眼镜在家看电影

4.2 智能阅读

4.2.1 电子阅读器

电子阅读器是一种可以阅读文字的智能电器。

可以想象一下，如果家里有上百本书，一本一本去翻找可能会花费很多时间。对于老年人来说，如果独自去拿书架高处的书也是一件比较危险的事情。

电子阅读器可以存放成百上千本书，想要找一本书，再也不用翻箱倒柜去找书了。

拥有一本轻薄的电子阅读器，就相当于拥有了一个移动图书馆，能够随时随地找书、看书，很方便。

电子阅读器

夜晚不开灯也能阅读

阅读实体图书时，图书纸张的颜色是固定的，如果周围光线较暗，那么必须借助台灯或其他灯光来照明才可以进行更舒适的阅读。

电子阅读器的屏幕颜色可以调整，将电子阅读器的屏幕调节成护眼色，可以缓解看书时的眼睛疲劳。

当其他人都睡觉了，你还想再看会书，但又不想开灯影响到他人，这时可以使用电子阅读器，电子阅读器屏幕自身会发光，将电子阅读器的屏幕调到合适的亮度，在安静的夜晚也能享受美好的阅读时光。

4.2.2 手机阅读软件

现在，有很多手机软件支持在线阅读，使用手机阅读软件阅读（看书）更灵活，而且能实时搜索到很多网络图书资料。

与电子阅读器相比，手机屏幕虽然小，但也因为机身小，即使长时间握着，手也不容易累。

常见手机阅读软件

手机阅读软件大致分为以下两类。

- 小说、诗歌、传记等文学体裁类图书阅读软件。
- 新闻资讯类阅读软件。

通过文学体裁类图书阅读软件可以阅读自己喜欢的小说、人物传记等文学作品，既能了解相关知识内容，又不用购买或翻找纸质图书，手机随拿随放，为阅读增添了许多便利。

除了阅读图书，目前，还有很多专门提供新闻资讯的手机软件，这些手机软件提供当下最新最热门的新闻资讯，让你足不出户就能了解天下大事。

七猫免费小说
番茄免费小说
起点读书
手机阅读
咪咕阅读
当当云阅读
QQ 阅读

手机应用市场中的常见手机阅读软件

手机应用市场中的常见手机新闻资讯软件

手机阅读软件安装

在手机中安装阅读软件大体操作步骤如下。

首先，找到手机的软件商店，即应用市场（不同品牌手机名称不同，也有称应用商店、软件商店、APP Store 等），点击打开应用市场，在搜索框搜索“阅读”。

其次，点击搜索结果中的一种或几种阅读软件进行安装，将其下载到手机中。

最后，打开已经下载到手机中的阅读软件，可以搜索自己喜欢的书籍进行阅读，或者点击选择软件界面中推荐的书籍进行阅读。

4.3 智能聆听

4.3.1 手机听书软件

如果想要在阳光明媚的午后，坐在阳台上晒着太阳看会儿书但又担心阳光太过于刺眼，这时不妨选择听书。

收音机会在固定时间播放广播、评书，如果错过节目时间就听不到想听的节目内容了。手机听书软件可以解决这个问题。

常见手机听书软件

手机听书软件不受时间限制，任何时候只要手机连接了网络，都可以听到自己喜欢的书籍和节目内容。

手机听书软件，让你可以选择自己喜欢的内容听，可以随时听、反复听。

手机应用市场中的常见手机听书软件

手机听书软件安装

在手机中安装听书软件与安装阅读软件的方法类似，大体操作步骤如下。

首先，在手机应用市场（或应用商店、软件商店、APP Store 等）中搜索“听书”。

其次，点击搜索结果中的一种或几种听书软件进行安装，将其下载到手机中。

最后，打开已经下载到手机中的听书软件，可以搜索自己喜欢的书籍或选择界面推荐书籍进行播放收听。

4.3.2 听书时手机没电了不用愁

正在使用手机看书或听书，手机没电了却找不到充电线怎么办？不用急，使用智能无线充电器可以给手机充电。

智能无线充电器的一端连接家用电源（插线板），手机不需要与充电器相连接，只要将手机放到无线充电器上，充电器接触手机后就会自动给手机充电。

无线手机充电器

4.3.3 不用电线的蓝牙耳机

如果不想打扰别人，想独自享受听音乐或听书的悠闲时光应该怎么办呢？耳机可以帮到你。

传统有线耳机的线经常绕在一起解不开，而且耳机线的长度有限，戴着耳机的同时还要携带手机，十分不方便。如果你也有这样的困扰，不妨试试蓝牙智能无线耳机。

蓝牙耳机，通过蓝牙与手机连接，不受耳机线长短的困扰，将手机放在客厅，躺在卧室的床上依然可以收听音乐或歌曲，十分方便。

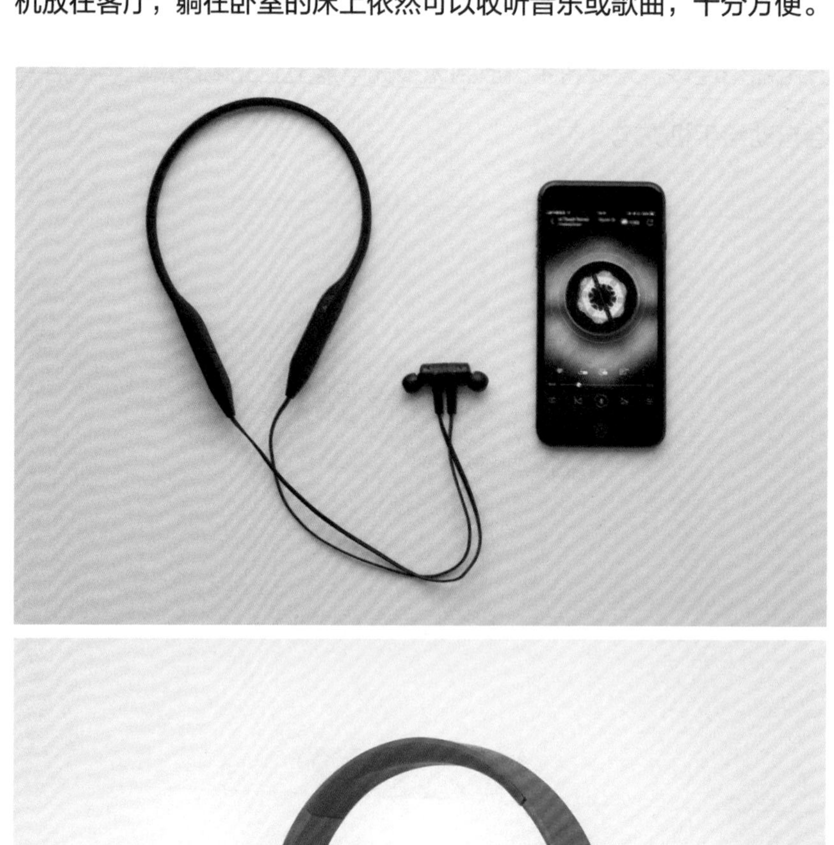

不同款式的蓝牙耳机

目前，市场上蓝牙耳机的品牌非常多，款式和功能也多种多样。可挂脖式的蓝牙耳机，音响环绕效果好；罩耳式蓝牙耳机，能更好地隔绝外界声音干扰；只有耳机头的塞耳式蓝牙耳机，可以直接塞进耳朵使用，小巧轻便。不同的蓝牙耳机价位不等、体验效果不同，可以结合自己的喜好进行选购。

使用蓝牙耳机时，需要将手机中的蓝牙打开，具体可以在手机设置—蓝牙（设备连接—蓝牙）中操作。

无 SIM 卡 上午 11:09 91%
设置
飞行模式
无线局域网 关闭
蓝牙 打开
蜂窝网络 无 SIM 卡
通知
声音与触感
勿扰模式
屏幕使用时间
通用 1

手机中的蓝牙功能

手机蓝牙打开后，可以搜索到智能蓝牙耳机的名称（确保蓝牙耳机有电并已开启），点击蓝牙耳机名称连接就能使用蓝牙耳机听歌或听小说、评书、戏曲了。

聆听音乐，享受美好生活

蓝牙耳机没有线，需要充电吗

蓝牙耳机可以解决耳机线缠绕一团的困扰，尽管蓝牙耳机没有连接播放设备的连接线，但蓝牙耳机也是需要用电的。

蓝牙耳机借助内置电池和充电来提供工作动力。

蓝牙耳机一般配有专门的充电器或USB充电线。通常情况下，蓝牙耳机充满电需要2～3小时，当蓝牙耳机的指示灯显示蓝色或绿色时，就代表耳机已经充满电了。

4.3.4 不用电线的蓝牙音箱

“独乐乐不如众乐乐”，一个人听书、听戏、听广播，不如众人一起听书、听戏、听广播。

让想听到的内容播放声音更大、被更多人听到，同时又不希望桌面、地面有太多的电线，可以使用蓝牙音箱。

蓝牙音箱的工作原理与蓝牙耳机相似，通过连接手机，将手机中的声音外放，能被更多的人听到。

有很多蓝牙音箱造型别致，不用时放在那里也是一个很不错的家居装饰品；一些蓝牙音箱除了播放声音，还别出心裁地增添了许多其他小功能，如显示时间、给手机充电等。

造型各异的蓝牙音箱

可以给手机充电的蓝牙音箱

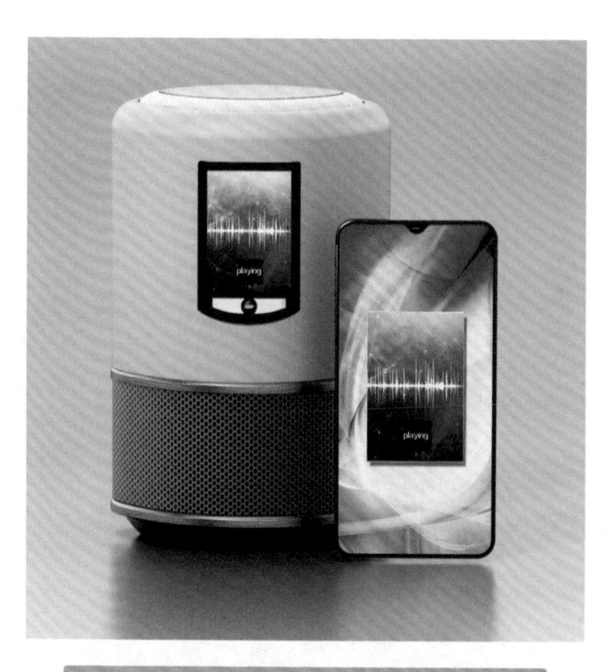

带显示屏能显示音乐频率和歌词的音箱

1.2.3 智能视听产品给你不同的娱乐体验

智能视听产品主要是指提供视频、阅读和音频功能的智能家居产品，包括智能电视、智能电子阅读器、智能音箱等。

这些智能家居产品能够为你播放和展示多种多样的视频节目，让你随时阅读自己喜欢的书籍、收听喜欢的广播等，让你的闲暇时间变得充实、丰富和愉快。

能存储很多电子书籍的电子阅读器

1.2.2 智能照明产品让生活更方便

智能照明产品主要是指各种智能灯具，有用声音控制的声控灯、自动感应的感应灯、手机连接操控的蓝牙灯、触摸就能开关和调节亮度的触摸灯等。

夜晚活动，你在哪，灯就在哪

老年人一般起夜比较频繁，晚上起床摸黑活动比较危险，使用智能灯具则会让老年人在夜间的行动变得安全和便捷。

当晚上要起身去卫生间时，可以先打开卧室的床头灯，或者按动遥控开启卧室的智能灯，出了卧室门后，客厅的自动感应灯就会亮起，到卫生间之后，咳嗽一声，卫生间的声控灯就会自动亮起，可以避免因为摸黑找开关而滑倒或者绊倒。

4.4 智能音箱

4.4.1 想听什么，喊一声就行

躺在床上休息，手机和时钟都不在身边，想要知道几点钟了又不想起身，怎么办?

正在洗衣服或洗碗时，想要听新闻、听音乐，却还要经过洗手、擦手、打开手机或收音机这些烦琐的步骤，等这些步骤都做完之后又忘记自己刚才想听什么了，怎么办?

以上这些顾虑都不用担心，有了智能音箱，你只要在原地喊一声就能听到想听的内容了。

小巧玲珑的智能音箱

只能听得懂普通话的智能音箱

如果和智能音箱说方言，你会发现，智能音箱不能准确地识别语音指令，它会将方言发音“听”成普通话，这样就会出现智能音箱不能明白你的语言指令的情况。例如，当你想问它明天的天气怎么样时，它可能会播放一首歌。

目前，只有极少数品牌的智能音箱可以识别普通话、英文以外的地方语言发音，如粤语。因此，当你和智能音箱交流时，请尽量说普通话。

4.4.2 常见智能音箱品牌

智能音箱能识别语言指令，实现人机交互，能给人带来更丰富的智能家居体验。因此，越来越多的企业开始研究和生产智能音箱，智能音箱的功能也越来越丰富。

现阶段，市场上常见的智能音箱主要有“小度小度”（百度出品）、“小爱同学”（小米出品）、“天猫精灵”（阿里出品）、“叮咚叮咚”（京东出品）等。

不同品牌的智能音箱各有特点与特色，一些智能音箱功能齐全，不仅能听声音，还能看到画面，就像一个小型的电视机。

可以显示和播放画面内容的智能音箱和扬声器

怎么给智能音箱改名字

智能音箱会根据品牌给自己命名，这是它们最初的名字。

百度智能音箱统一叫“小度小度”，小米智能音箱统一叫“小爱同学”，京东智能音箱统一叫“叮咚叮咚”……当你喊这些名字时，智能音箱才会“听到”你说的话，并根据你说的话做出应答。

那么，智能音箱的名字就只能永远叫这些最初设定的名字吗？如果想给智能音箱起个新名字，比如“小胖”“大海”，可以吗？当然可以。

通过手机中的智能音箱 APP，可以对智能音箱的名字进行重新设定，输入新的名字文字内容，确定后就可以使用刚刚拟定的新名字来“呼喊”智能音箱了。

第 5 章

智能厨卫

要点梳理

- 了解智能厨卫产品，生活更轻松
- 熟悉不同智能厨卫产品的操作方法
- 了解智能厨卫产品安全使用常识

趣味生活

- 智能冰箱可以帮你管理身材
- 电动牙刷能提醒你牙齿刷好了

答疑解惑

- 智能电饭煲的预约与定时功能一样吗
- 烤箱温度那么高，会爆炸吗
- 使用空气炸锅烹制的食物会致癌吗
- 洗碗机洗碗不会把碗盘磕坏吗
- 长期使用电动牙刷，牙齿会松动吗

5.1 智能保鲜，新鲜食材随手取

要想保持食材的新鲜，家里可不能少了电冰箱，刚买的新鲜果蔬、没用完的食材、吃剩下的饭菜，都可以随手放进冰箱，留待下一餐食用，这样既可以使食物保持新鲜度，又可以避免浪费。

5.1.1 智能冰箱，健康饮食好管家

智能时代的电冰箱，除了保鲜、制冷，还有什么独特之处呢?

现代化的智能冰箱，通常在外壁上会安装大小不一的液晶显示屏，这个显示屏相当于一个镶嵌式的平板电脑，它连上 WiFi 后就可以上网了，这就是现代智能冰箱——物联网冰箱。

物联网冰箱有着强大的智能食材管理功能，能够帮助你更好地管理冰箱里的食物，为你提供更优质的生活体验。

语音录入食材

你是不是也有这样的烦恼：冰箱里的食材太多、太乱，每次去超市前都要先将冰箱翻个底朝天，才能确定出门需要买哪些菜？

物联网冰箱的食材管理功能可以为你提供语音录入食材服务。

例如，早上往冰箱里添加了土豆、白菜，只需要语音唤醒冰箱的食材管理功能并说出“添加土豆、白菜”，冰箱就会将这两种食材录入进去，不用打开冰箱门，你可以直接在显示屏上查看冰箱里储藏的所有物品。

智能冰箱的显示屏展示

智能菜谱推荐

如果你正在为下一餐不知道做什么菜而发愁，可以直接使用物联网冰箱的食材管理功能，查看冰箱里有什么食材，根据现有的食材让冰箱推荐相应的菜谱。

例如，想用冰箱里的土豆做一道菜，就可以对着冰箱问：“土豆怎么做？”这时物联网冰箱的显示屏上就会出现各种可以用土豆烹制的菜谱，任你挑选，神奇又贴心。

智能调节温度

冰箱的每一层都存放着各种各样的食材，如果你认为食材只要放进能够制冷的冰箱里，就可以百分百保持新鲜了，那可就错了。

事实上，每一种食材都有各自适宜的保鲜温度，比如土豆最适宜的保鲜温度大概在 0～5℃，西红柿最适宜的保鲜温度大概在 0～7℃，当你往物联网冰箱里添加了这两种食物，并将这两种食物录入冰箱的食材管理功能中，冰箱就会自动将温度调节至同时适宜这两种食物保鲜的温度。

智能化的物联网冰箱能识别冰箱内所存放的食材，根据食材调节温度，从而避免了传统冰箱中一部分食材得到保鲜，而另一部分食材被冻坏或变质的情况。

智能冰箱可以帮你管理身材

将智能（物联网）冰箱与体脂秤相连接，你将会得到一个尽责的家庭健康饮食小管家，这是怎么回事呢？

原来，当你站在体脂秤上进行体脂测量时，相关数据就会同步传送到物联网冰箱的显示屏上，这时候冰箱就会根据你的身体质量指数（国际上衡量人体胖瘦程度以及是否健康的一个常用指标）来为你推荐一周的健康饮食计划，包括吃什么、怎么吃、吃多少，而且每周的菜谱都会及时更新，让你吃得开心的同时保持健康身材。

5.1.2 更多优势，保鲜更省心

手机 APP 操控，随时随地掌握食材状态

物联网冰箱除了可以通过冰箱上面的显示屏进行操作，还可以通过手机 APP 来操控，实现冰箱远程调温控制，随时随地查看冰箱内食物的保鲜状态。

如果在外采购时想不起来冰箱里还有什么食材，可以直接打开手机查看食材管理，避免多买、漏买。

风冷保鲜，告别结霜

物联网冰箱可以实现 360° 立体出风，制冷快速且温度均匀，更重要的是，即使是冷藏区和冷冻区也不会结霜，这不仅免去了手动除霜的麻烦，而且也使冰箱的制冷效果更佳。

智能除菌，让饮食更安心

物联网冰箱具有杀菌模式，你可以根据需要进行调节，设置成智能杀菌或者强效杀菌，使食材在安全的环境中储存，让饮食更安心，更好地守护家人健康。

美食不用愁，在家也能吃大餐

智能时代，家里制作美食的电器越来越多：煮饭用的电饭煲、打豆浆用的豆浆机、烤面包用的面包机、烘焙用的烤箱、加热用的微波炉以及制作油炸食品的空气炸锅……

5.2.1 想准点吃饭，可提前“预约”

智能电饭煲具有预约功能，如果想在外出回来后马上就能吃上刚煮好的白米饭，就可以提前插好电源，预约煮饭时间，等设置的时间一到，电饭煲就会自己开始煮饭了。

当然，智能电饭煲的煮饭功能也非常强大，你可以选择标准煮或者精华煮，也可以用电饭煲来做煲仔饭、煲汤、煮粥、炖肉、蒸菜、做蛋糕等。

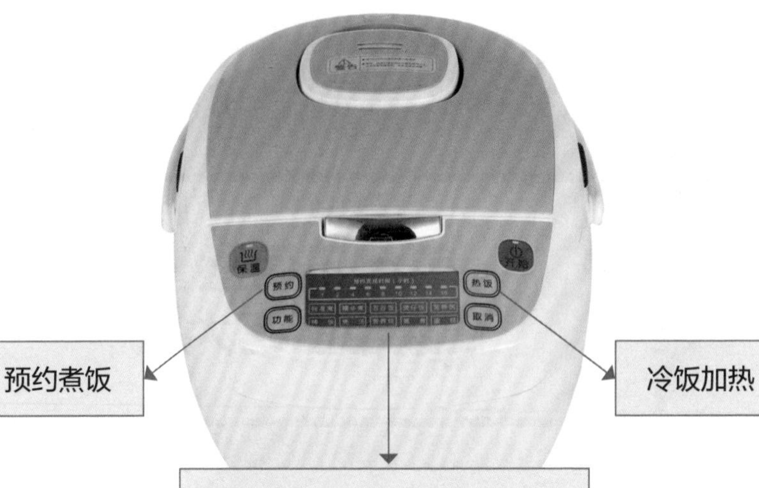

智能电饭煲

智能电饭煲的预约与定时功能一样吗

有的电饭煲有预约功能，有的有定时功能，有的两者都有，那么这两个功能是一样的吗？不是的。

电饭煲的预约功能是指可以事先设置好电饭煲开始煮饭的时间，如果想要让电饭煲做第二天早上的饭，需要使用到预约功能。

电饭煲的定时功能是指可以设置需要烹饪的时间长短，如果想要用电饭煲煲一锅汤，希望煲3个小时，那么这个时候就需要用到电饭煲的定时功能。

5.2.2 豆浆机与烤面包机，享受美味不累人

有了豆浆机，早饭不用愁

早上为家人准备早餐，怎能少得了一杯香浓的豆浆呢！豆浆的营养丰富，自己在家打豆浆，既方便又健康。

豆浆机的使用非常简单，下面是豆浆机的简单操作方法。

首先，将要打的豆子洗干净，然后加水浸泡，泡软后直接倒进豆浆机中，按照豆子的量加水，注意一定不能超过水位线。

其次，放好水后，把豆浆机的机头按照正确的位置盖上，插上电源，等指示灯亮起后，根据自己要打的食材选择按钮，如五谷豆浆，按下按钮后，豆浆机就会开始工作了。

最后，做好豆浆后，豆浆机会发出提示声，这时只要切断电源，把豆浆倒出来，就可以开始享受美味了。

除了打豆浆，豆浆机还可以用来做豆花、八宝粥，还可以榨出玉

米汁和其他各式各样的果蔬汁，以满足家人的营养需求。

烤面包机，“叮”一下弹出美味

如果家人喜欢吃西式早餐，那么面包一定是必不可少的，而烤面包机可以将面包变得口感酥脆、香味诱人，是做西式早餐的好帮手。

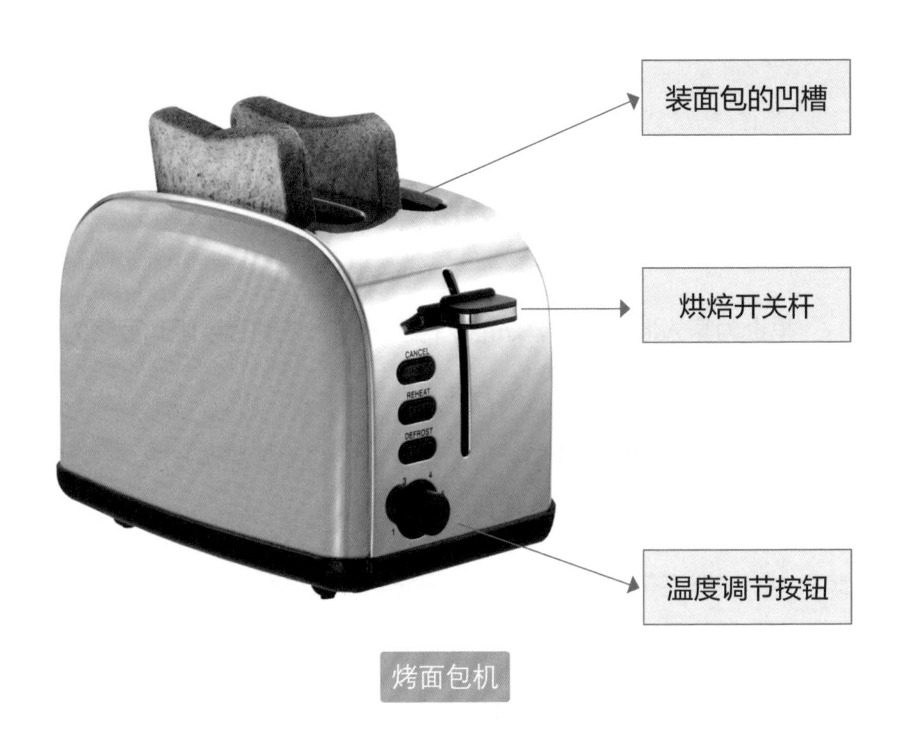

烤面包机

烤面包机的操作非常简单，首先将装面包的凹槽清理干净，然后将要烤的面包片放进凹槽里，注意大多数烤面包机一次最多只能烤两片面包。

面包放好后，旋转温度调节按钮，这里有1～6档可供选择，一般调至 3 或 4 档就可以了。然后按下烘焙开关杆至最底部。面包机烤好面包后就会自动断电，并将烤好的面包“叮”一下弹出来。

5.2.3 烤箱的操作和使用

用烤箱做美食，美味又健康

面包、蛋糕、披萨、烤肉……这些香喷喷的食物特别受年轻人和小孩子们的欢迎。如果家里的孙辈们也喜欢吃这些食物，又不能经常去买来满足他们，该怎么办呢？别担心，只要家里有烤箱，这些香喷喷的美味随时都能做出来。

烤箱可以用来烘焙糕点、制作披萨，还可以用来烤各种肉类，更重要的是，用烤箱做出的东西不仅美味，而且比在外面买的更加健康、卫生。

用烤箱做出的美食

正确使用烤箱

● 做好清洁工作。首次使用烤箱时，需要先用温水清洗烤箱的内部，包括烤盘、烤架等。清洗干净后，等待烤箱内的水分晾干。等烤箱内部完全干燥后，将烤箱门半开，然后打开开关，并将温度调到最高，让烤箱空烤几分钟，这样可以达到清除异味的效果。

● 烤箱预热。在正式开始烤制前，还需要对烤箱进行预热。例如，烘焙蛋糕需要的温度是 220℃，那么就要先将烤箱预热到 220℃，时间大概在 5～15 分钟，具体要根据烤箱大小来决定。

● 留足散热空间。使用烤箱时，要将烤箱放在稳固的平面上，平面最好能够隔热，周围要留好足够的散热空间。另外，烤箱顶部也不能放置物品，以免影响散热。

● 避免食物粘在一起。在烤制食物前，要先在烤盘或者烤架上刷上一层薄薄的烤箱专用油脂，这样就可以避免食物粘在烤盘或烤架上。如果觉得麻烦，也可以直接在上面垫上一些锡箔纸，也可以达到防粘效果。

● 开始烘焙。预热时间结束后，将想要烤制的食材放在刷好油脂或垫了锡箔纸的烤盘（烤架）上，打开开关，设置好温度和时间（点击开始）就可以进行烘焙了。

● 取出食物。烤箱内的食物烤好后，就可以将其拿出来放凉了。不过这里需要提醒的是，取食物时一定要戴好专用的防烫手套，以免温度过高而烫伤手。

在烤盘上垫上锡箔纸

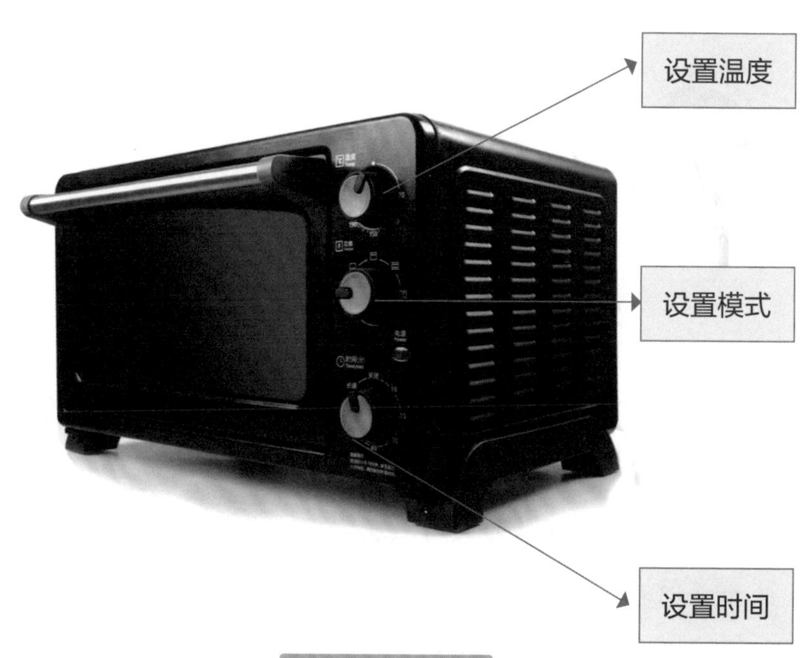

烤箱的旋钮功能

戴上防烫手套取烤箱里的食物

烤箱温度那么高，会爆炸吗

一些烤箱的温度最高能达到 300℃，因此很多人在使用烤箱烘焙食物时，会担心烤箱由于温度过高而导致爆炸事故的发生。

事实上，烤箱的最高温度越高，代表它的质量越可靠。只要烤箱的质量没有问题，并且操作得当，使用烤箱时是不会发生爆炸的。

当然，如果不正确地操作烤箱，或者烤箱周围放置了太多物品，影响其散热，那么可能导致烤箱不能正常工作。

5.2.4 微波炉能快速加热饭菜

巧用微波炉，省时又方便

在工作日的早晨，很多家庭都会比较忙碌，大人们既要忙着叫醒贪睡的孩子，又要赶着为一家人做好丰盛的早餐，这种时候，自然少不了微波炉的帮忙。

使用微波炉，可以快速为家人热牛奶、热饭菜，省时又方便。不仅如此，微波炉还可以用来烹饪，做一些简单美味的菜肴，比如蒸鸡蛋羹、水煮鱼等。另外，如果家里没有烤箱，那么还可以直接用微波炉来烤制食品、烘焙面包。

除了加热和制作美味佳肴，微波炉还有一些附加功能，如可以用来解冻食品、给餐具消毒等。

热牛奶

加热饭菜

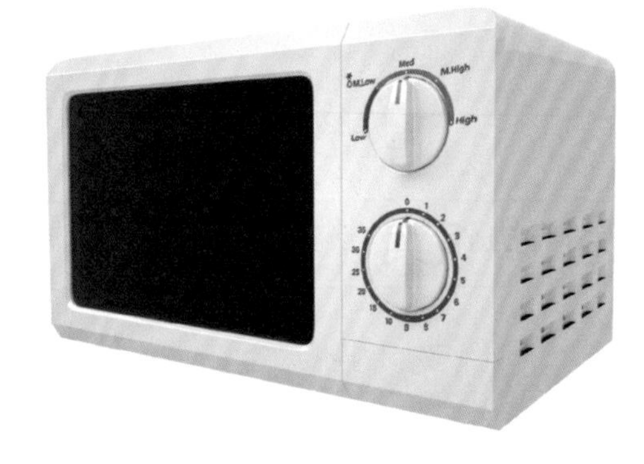

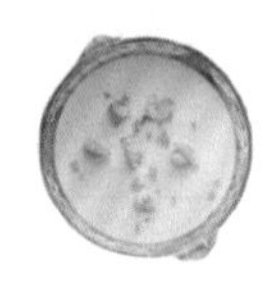

蒸、煮、烤

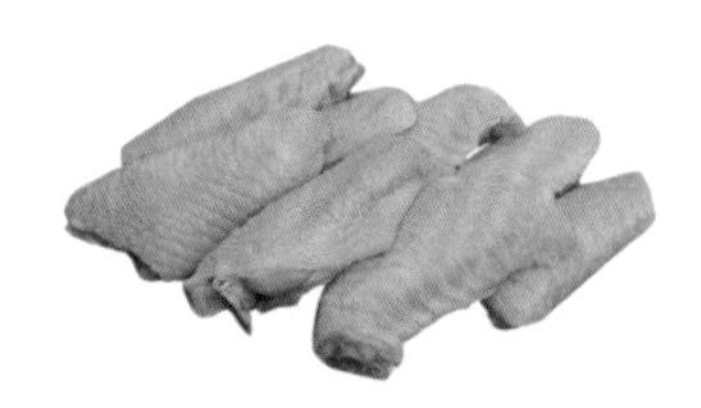

食品解冻

餐具消毒

微波炉的功能

正确使用微波炉

微波炉的使用方法比较简单，首先选择好用来装食物的器皿。一定要注意，一般都是选择陶瓷器皿或者耐热玻璃器皿盛放食物放在微波炉中加热，而不能使用金属器皿，因为微波遇上金属就会发生短路或者反射现象，很容易导致安全事故的发生。

普通的塑料器皿也不能放在微波炉内使用，因为塑料加热会释放出有毒物质，会危害人体健康。除此之外，封闭的容器也不能放进微波炉里加热，否则热量无法散发，容易导致爆炸事故的发生。

装好食物后，将器皿放在微波炉里面的转盘上，关闭炉门，调好加热时间，大多数微波炉上都会标注好不同食物需要加热的时间，按照指示操作即可。等食物加热完成后，微波炉会自动断电，这时候就可以将食物取出来了。

5.2.5 空气炸锅，少油少烟更健康

烹饪美食，除了常用的蒸锅、炒锅、炖锅，还有另一种智能厨用家电——空气炸锅，这种锅既可以炸东西又可以烤东西，功能强大，是智能厨房中的新宠。

香脆的油炸食品一向都是非常受人欢迎的，但是由于油炸食品的脂肪含量比较高，长期过多食用不利于人体的健康，因此很多人都对它望而却步。而空气炸锅只需要用到很少的油，甚至有时不需要用油就可以使食物形成金黄酥脆的表层，达到与普通的煎炸一样的外观及口感。

空气炸锅虽然外观小巧，但是功能齐全，煎、烤、焖、炸样样拿手，大人和小孩爱吃的很多食物都可以用它做成。

功能一：
做小朋友喜欢的小零食，如炸薯条、小麻花

功能二：
肉类烹饪，如糖醋排骨、油焖大虾

功能三：
做烧烤小吃，如烤鸡翅、羊肉串

功能四：
做干果炒货，如炒板栗、瓜子

功能五：
美味西点烘焙，如烤蛋挞、饼干

空气炸锅的功能

拥有这么多功能的空气炸锅，究竟应该怎么操作呢？

● 在使用空气炸锅之前，选择非研磨性的海绵或者软布清洗空气炸锅的煎锅和炸篮，注意避免划伤内壁。

● 将空气炸锅放在稳固的平面上，最好是靠近窗户或其他通风的地方。

● 准备要烹饪的食材，这里需要注意的是，有的空气炸锅在正式烹饪前还需要进行预热，不同的品牌对此有不同的要求，可以按照说明书进行正确操作。

● 从空气炸锅中拉出煎锅，将食材放入炸篮中，再将煎锅滑回到空气炸锅中。设置好烹饪时间，稍等片刻后，就可以享受美味了。

空气炸锅

使用空气炸锅烹制的食物会致癌吗

有人曾经做过实验，发现使用空气炸锅烹制的炸薯条中含有大量的丙烯酰胺，这是一种可能致癌的物质，因此就有了使用空气炸锅烹制的食物会致癌的说法。那么，这种说法是否属实呢？

事实上，不管使用什么锅，做出的油炸食品都会有含量不一的丙烯酰胺，这也就是为什么人们常说油炸食品是不利于人体健康的。但是，是不是只要吃了油炸食品就会致癌呢？当然不是！适量地食用油炸食品对人体并不会有什么明显的伤害，只有长期、过度地食用油炸食品，才会对身体产生不利的影响。因此，使用空气炸锅烹制的食物会致癌的说法是不科学的。

5.2.6 智能燃气表，做饭更安全

随着人们生活水平的提高，燃气表也向着智能化发展。

智能燃气表可以连接燃气探测器，燃气探测器实时探测周围的燃气浓度，当检测到燃气泄漏时，检测器发出高音报警声，并自动关闭

燃气阀，保障家人的安全。

各个国家每年都会发生多起家庭火灾，而引起家庭火灾的一个常见原因就是燃气泄漏。

很多老年人记忆力不好，难免会发生忘记关燃气，或者做饭时意外熄火而未留意的情况，这样的情况是非常危险的。

智能燃气表配合燃气探测器，能敏感地检测到室内的燃气含量而及时发出警报，这样可以有效避免意外的发生。

如果家里的燃气表不支持连接检测器，也可以单独购买燃气检测器。将燃气检测器放置在厨房，当检测器检测到有燃气泄漏时，会发出警报。

购买智能燃气表配合燃气探测器可以有效避免因为燃气泄露而导致的意外，相当于为家人多上了一份“保险”。

新型智能燃气表不仅更安全，缴费方式也更多样化。新型的智能燃气表支持各种电子支付和远程支付，让老年人足不出户就能完成燃气缴费。

5.3 智能清洁，轻松做家务

5.3.1 智能洗衣机洗衣一键全搞定

要承担全家人的衣物清洁工作，自然离不开洗衣机的帮忙，全自动的智能洗衣机可以帮助你快速洗衣，让家人每天都穿上干净整洁的衣服。

与传统的洗衣机相比，智能洗衣机具有以下优点。

水量感应系统：根据衣物多少，自动调节水量。

脏污感应系统：自动确定衣物所用洗衣液的用量，避免洗衣液不足或浪费。

蒸汽除螨：有效去除衣物纤维深处的螨虫及其他细菌，呵护家人健康。

微蒸汽空气洗：用蒸汽去除不能水洗的衣物上的异味和灰尘。

蒸汽烘干：用蒸汽烘干衣物，即洗即穿无须晾晒。

智能报警：当出现停水、洗衣液缺失等问题时，洗衣机会自动停止工作，并发出提示声。

家有洗衣机，轻松做家务

5.3.2 智能洗碗机保护双手

洗碗是一日三餐之后必须要做的家务活，但是吃完饭后，大部分人只想坐着好好休息，看电视也好，和家里人聊天也好，享受饭后的惬意时光。

洗碗枯燥又乏味，油乎乎的餐具看着真让人头疼，使用洗洁精还可能会对皮肤造成伤害，实在是一件令很多人感到烦恼的事情。

如果用洗碗机代替手洗，上述情形会变得不一样，每次吃完饭后，只需要花几分钟时间将要洗的餐具放入洗碗机，按下开关，接下来的时间你可以随心所欲地去做任何事，等碗洗好后，再从洗碗机里面拿出来摆放好即可。

洗碗机通过高速水压冲洗加高温灭菌的方式来清洗餐具，无论是洁净度还是灭菌程度，洗碗机都远胜于传统的手洗。

洗碗机

通常情况下，洗碗机能同时清洗很多餐具，共清洗三遍，每一遍都是使用同一批水进行反复的冲洗，因此在洗涤大量餐具的情况下，使用洗碗机比起手洗餐具，还能节约不少水。

那么，洗碗机该怎么使用呢？大致操作步骤如下。

- 把洗碗机的盖子打开，将需要清洁的餐具如碗碟、筷子、杯子、勺子等均匀地摆放在碗架上，加入适量的洗碗机专用洗涤剂，完成后盖好盖子。

- 选择洗碗模式，大部分洗碗机都会有强力洗、标准洗、快速洗、智能洗、玻璃洗、节能洗这几种模式。

标准洗：洗涤脏污程度一般的餐具。

快速洗：洗涤干净、少油的餐具。

智能洗：洗涤无法判断脏污程度的餐具。

玻璃洗：洗涤玻璃杯等高档、易碎餐具。

节能洗：洗涤时节水节电。

- 按下启动键后，洗碗机就可以开始工作了。等清洗完成后，洗碗机会自动切断开关断电，此时洗碗机里面的温度还很高，如果想要马上将餐具拿出来，一定要带好防烫手套。

洗碗机洗碗不会把碗盘磕坏吗

洗碗机是通过高速水压冲洗来对餐具进行清洗的，在清洗的过程中，碗不动、水动，洗碗机可360°无死角地对碗盘进行清洗。而且现在市面上的碗的厚度是有一定的制作标准的，洗碗机在这些标准的基础上做过安全清洗测试，所以根本不用担心洗碗机会把碗洗坏。另外，如果是骨瓷或者玻璃等易碎餐具，可以选择洗碗机的玻璃洗功能，对餐具进行轻柔洗涤，不用担心会损坏餐具。

5.3.3 扫地机器人解放双手

不想长时间弯腰扫地、拖地怎么办？扫地机器人可以解决你的烦恼，为你清扫家里各个区域，解放你的双手，为你省去不少打扫屋子的时间。

扫地机器人是通过声波震动来进行扫地 / 拖地的，针对家里地面的脏污程度，可以选择不同的除尘强度。

正在工作的扫地机器人

主人不在家，照样能打扫卫生

扫地机器人是由手机上的 APP 操控的，你可以在 APP 上设置好需要打扫的区域空间，选择除尘强度。如果自己不在家，也可以通过手机 APP 来指挥扫地机器人扫地，并能随时查看它打扫的进度。

智能识别和躲避障碍

当遇到墙面、桌椅腿等障碍物时，扫地机器人能智能识别并躲避障碍物，避免自己受到撞击。

如果家里有些地方铺了地毯，扫地机器人也能够轻松跃上地毯，同时收起湿拖功能，加大吸力清理地毯上的灰尘。

智能充电

如果在打扫的过程中，扫地机器人快没电了，它自己会回到充电处进行充电，并且充满电后还能自主回到充电前打扫的地方，继续完成清扫工作。

除味散香

除了扫地拖地，有的扫地机器人还有移动散香功能：边清扫、边除味、边散香，可以有效去除家里因潮湿产生的霉味以及养宠物带来的异味，使家里淡淡飘香。

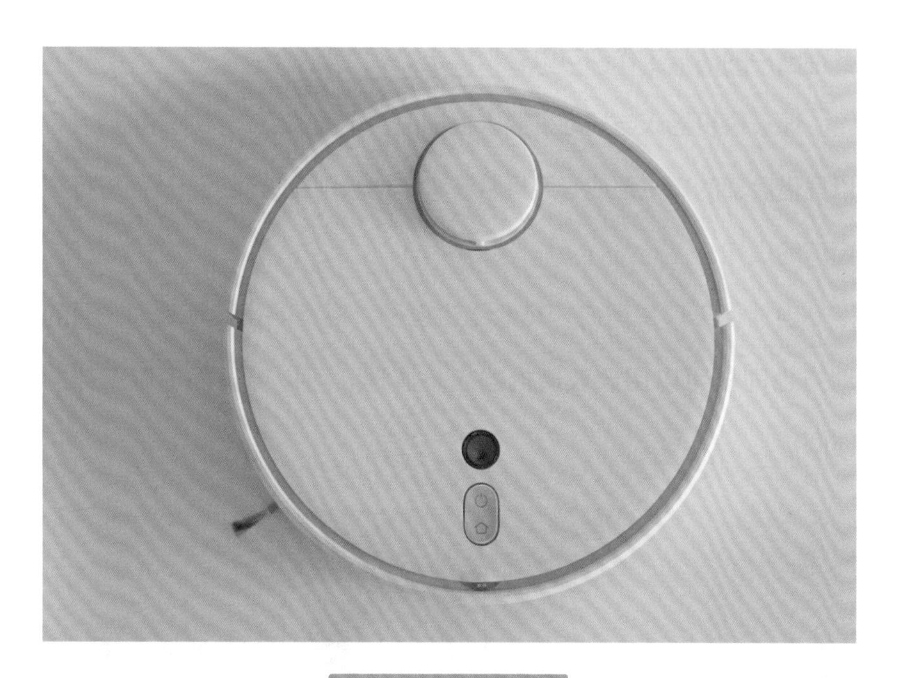

扫地机器人的外观

扫地机器人的使用方法很简单，可以在手机 APP 上设定好需要清扫的区域，或者直接操作面板，打开扫地机器人上的开关，机器人就可以开始工作了。

需要提醒你的是，在使用扫地机器人之前，最好将地面上可以收拾的物品先收拾好，以方便扫地机器人打扫更多地方。

5.3.4 擦玻璃机器人也好用

擦窗户不仅辛苦，而且危险，如果家里窗户多，并且还住在高层的话，这些烦恼就体现得更加明显了。如果有擦玻璃机器人的帮忙，各种窗户的清洁工作都可以轻松搞定。

擦玻璃机器人与扫地机器人很相似，不同的是，擦玻璃机器人可以凭借底部的真空泵或者风机装置牢牢地吸附在玻璃上，从而进行擦窗户的工作。

当然，不只是窗户，其他比如镜子、浴室的瓷砖等表面光滑的地方也同样可以用擦玻璃机器人来清理，可以节省很多做家务的时间。

擦玻璃机器人在擦外窗

那么，擦玻璃机器人应该如何使用呢？

- 在擦玻璃之前，在清洁环上套上清洁布，再把清洁环安装到清洁轮上，连接好电源线，绑好安全绳。

- 打开机器上的开关，当机器出现轰鸣声时，就可以将它放在要擦的窗户上了。这时候需要通过遥控器或者手机 APP 来点击开始按钮，让擦玻璃机器人开始工作。

不同的擦玻璃机器人有不同的工作模式，自动模式适用于脏污程度一般的常规清洁，深度模式可以对重脏玻璃深入擦两遍，定点模式会对顽固污渍反复擦四遍。可以根据需要选择具体工作模式。

5.3.5 小灰尘看不见，吸尘器来帮忙

吸尘器虽然还是需要人力去操作，但是对于扫地机器人打扫不到的很多边边角角，吸尘器却能轻松帮你清扫干净，因此绝对是家庭中不可少的打扫利器。

使用吸尘器打扫屋子

当然，吸尘器的作用远不止于打扫地板，沙发、长毛地毯、汽车座椅以及各种台面上的灰尘毛絮都可以用它来打扫，非常方便。

那么，在使用吸尘器的时候应该注意些什么呢?

首先，在使用吸尘器进行打扫时，一定要保证软管、吸嘴和链接杆口都扣紧了，否则在打开吸尘器时，里面的灰尘就会被吹出来。

其次，不能用吸尘器来吸液体、黏性物体以及碎玻璃、针、钉子、含金属粉末的尘土等，以免对吸尘器造成损害。如果在使用过程中发现吸尘器被异物堵塞了，应该立即关机对其进行检查，将异物清除干净再继续使用。

最后，每次使用吸尘器的时间不宜过长，吸尘器工作大约半小时后就应该停止工作，如果持续工作时间过长的话，很容易导致机器被烧坏。

5.3.6 使用除螨器，能让清洁更彻底

螨虫是人眼无法识别的微小生物，它生长在人类居住的环境中，以人和动物的皮屑为食。家里的床单、被罩、枕套等卧具中都存在着大量的螨虫。螨虫不仅会伤害人们的皮肤，而且还会侵入人体的呼吸系统，对人体健康造成很大的伤害。

要想轻松除螨，守护家人的健康，除螨仪器自然是少不了的。

除螨器究竟是如何进行除螨的呢？具体讲解如下。

深度拍打——除螨器平均每分钟可以拍打数万次，通过强力拍打，直击床垫、枕芯深层，祛除顽固螨虫。

除螨器

杀菌除螨——除螨器通过照射紫外线灯，有效杀死各种螨虫，令螨虫无处可逃。

强力清扫——除螨器可以将床上的毛发、皮屑、螨虫、灰尘等统统清扫干净，使卧具保持干净。

5.3.7 电动牙刷，刷牙干净又省事

电动牙刷是近些年才开始流行的智能产品。有很多人认为，是因为新一代的年轻人懒得刷牙，所以才推动了这种可以不用手动刷牙的电动牙刷的出现，他们认为，使用电动牙刷刷牙的效果，和传统的手动牙刷是一样的。

这种想法并不完全正确，事实上，电动牙刷有着手动牙刷不可替代的优点。

首先，电动牙刷刷牙的效率更高。使用手动牙刷刷牙时，每次刷牙大概要刷 5 分钟左右，才能达到比较好的清洁作用。而电动牙刷每分钟震动的次数就可以达到 3 万次以上，因此每次刷牙时间只要持续 2 分钟，就能达到比手动牙刷更好的清洁效果。

其次，电动牙刷的清洁力度更强。电动牙刷的刷头是通过高频震动来刷牙的，不仅能彻底清洁牙齿表面，还能深入清洁牙缝，有效清除牙菌斑，预防牙结石的产生，使你的牙齿更健康。

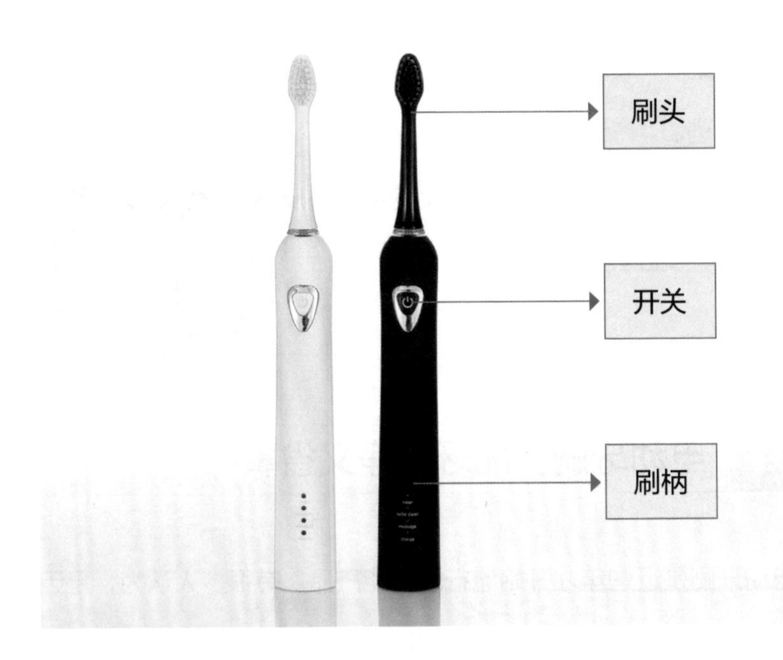

电动牙刷

电动牙刷能提醒你牙齿刷好了

根据牙医介绍的科学的刷牙方法，每次刷牙的时间应该在3～5分钟，才能达到比较好的清洁牙齿的效果，而电动牙刷因为每分钟震动的频率很高，因此一般只要两分钟就可以完成刷牙工作了。对此，大部分的电动牙刷都会配有两分钟智能计时功能，刷满两分钟后，牙刷就会自动关闭电源，提示你刷牙的时间已经够了。当然，如果你还想多刷一会，可以再次打开开关，继续刷牙。

电动牙刷的使用方法简单，具体如下。

- 将刷头插入刷柄，组装好牙刷。第一次安装好后，以后刷牙时就可以直接使用了。注意，刷头应该每三个月更换一次。
- 取适量牙膏置于刷头，并将刷头微微打湿。
- 将刷头放入口中，启动开关，使刷毛与牙龈呈45°，慢慢移动牙刷。两分钟洁齿完毕后，用清水漱口，完成刷牙。

长期使用电动牙刷，牙齿会松动吗

有人认为，电动牙刷的震动频率太高，很容易损害牙釉质，导致牙齿松动。事实真的如此吗？当然不是。

很多人在使用手动牙刷刷牙时，常常不能控制好刷牙的力度，总有人因为刷牙用力过猛而导致牙龈出血。而电动牙刷能够自动控制刷牙力度，防止用力过度对牙齿造成损害，在充分清洁干净牙齿的同时，也对牙齿起到了很好的保护作用。

第6章
智能运动

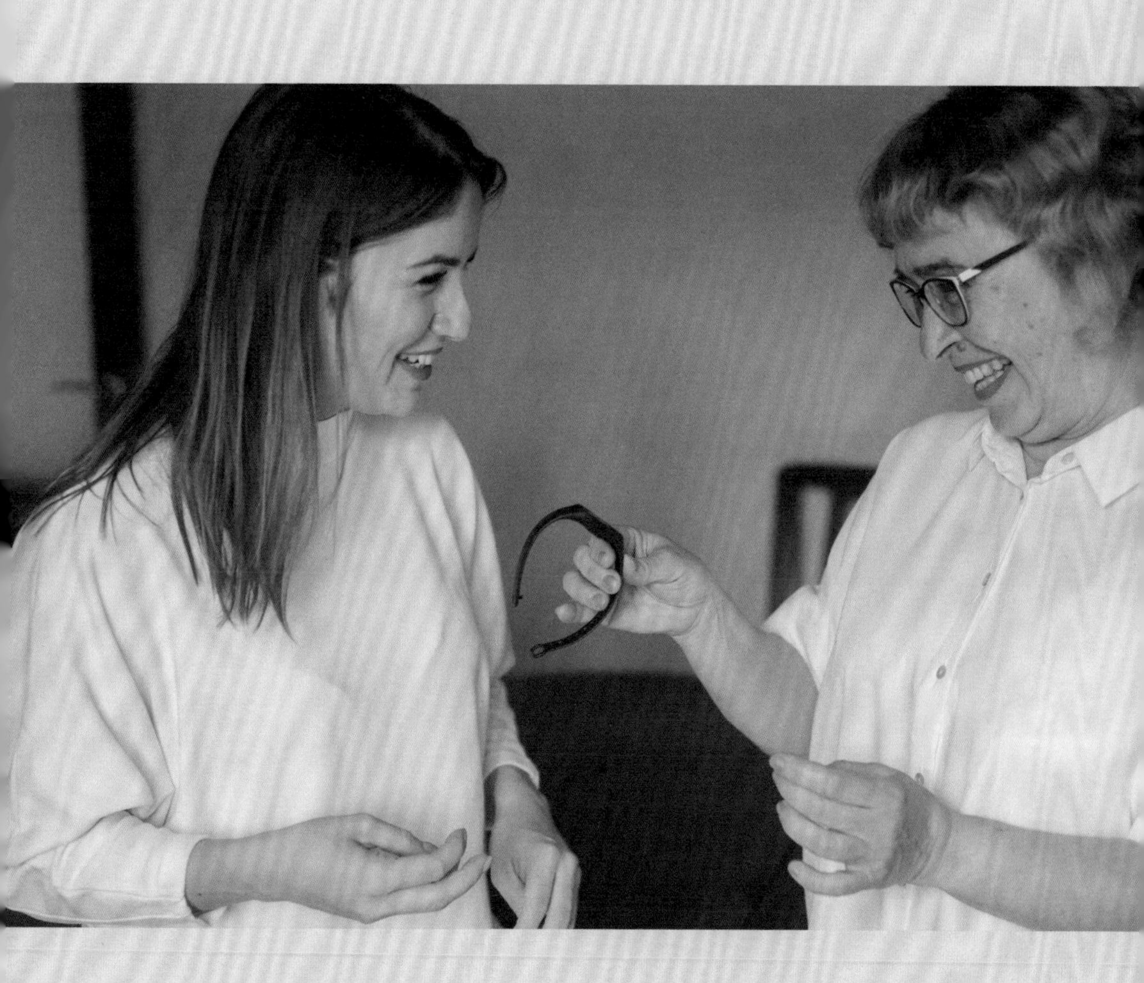

要点梳理

- 了解运动手环，科学健身
- 家用跑步机，在家也能散步与跑步

趣味生活

- 睡得好不好，运动手环全知道

答疑解惑

- 运动手环有辐射，会伤害人体吗
- 跑步伤膝盖吗

6.1 运动手环

“生命在于运动”，运动有助于促进身体健康。近年来，人们越来越注重科学运动，科学运动是指在科学理论的指导下，根据自身的健康状况开展运动，以增进健康。

佩戴运动手环，能够实时获取身体生理活动信息和运动信息，为科学运动提供数据参考。

运动手环就像手表一样，可以戴在手腕上。运动手环兼具装饰性和实用性，不仅外观漂亮，还可以记录我们日常生活中的锻炼、睡眠、心率以及饮食等情况。运动手环还可以联网，将数据与手机同步，手机应用可以通过手环记录的数据指导我们健康地生活。

手机安装运动手环应用软件可以连接运动手环、获取数据

6.1.1 用手机连接运动手环

一般情况下，不同的运动手环品牌连接的手机应用不同，购买前需要向商家咨询。这里以 Keep 智能运动手环为例，介绍运动手环如何和手机连接。

第一步，安装并打开运动手环对应的手机应用软件，登录账号，点击头像，选择智能硬件。

第二步，点击添加设备，选择“智能手环 / 手表”，选择手环或手表的品牌，点击“立即添加”。按照提示扫描运动手环上的二维码，等待手机与运动手环绑定成功即可，若中途出现蓝牙和定位权限请求，点击“允许”即可。

手机连接运动手环后，就可以在手机上查看运动量、运动时间、运动时的心率变化等各种信息了。

第6章 智能运动

在手机上添加与绑定运动手环

运动手环有辐射，会伤害人体吗

运动手环确实有辐射，但是它的辐射量很微小，对人体健康没有负面影响。

生活中常见的辐射，包括家电辐射、手机辐射等，都是低能量非电离辐射，只要是在安全值以内，就不会危害人体健康。

运动手环的辐射，与手机、电脑相比，辐射量更小，只要购买的产品符合安全标准，就不用担心运动手环会伤害人体。

6.1.2 心率随时测

心率即每分钟心跳的次数。运动越剧烈，心跳越快。

测量心率的方法有很多，比如触摸脉搏、用听诊器听心跳、使用电子血压计测心率以及通过做心电图测心率等。这些方法虽然都有用，但是不能随时随地监测你的心率，相比之下，使用运动手环来监测心率就方便得多了。

运动手环可以 24 小时监测心率，心率监测能够让你更了解自己的身体，提高运动效果。

实时心率监测有以下好处。

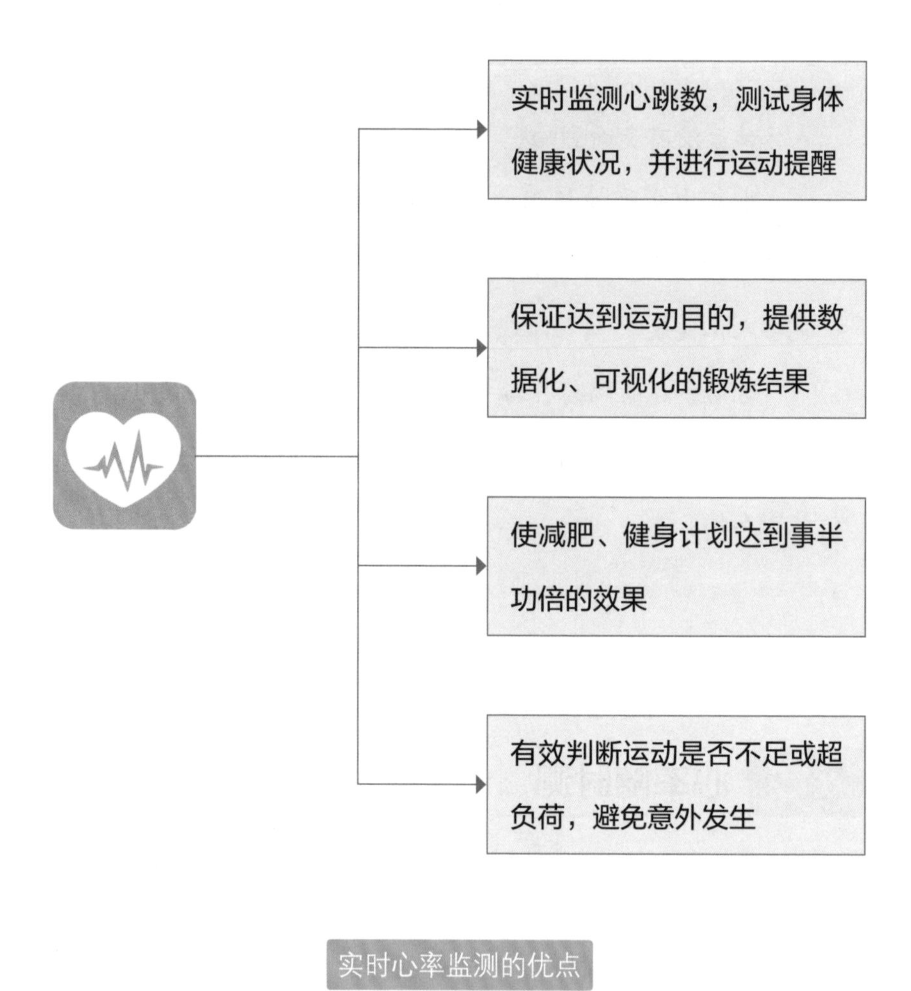

实时心率监测的优点

6.1.3 能计算运动步数，还能监测睡眠和血氧

运动手环可以记录运动步数、运动时长、运动轨迹，还能计算消耗的卡路里，在手机上可以通过手机应用查看相关运动信息。

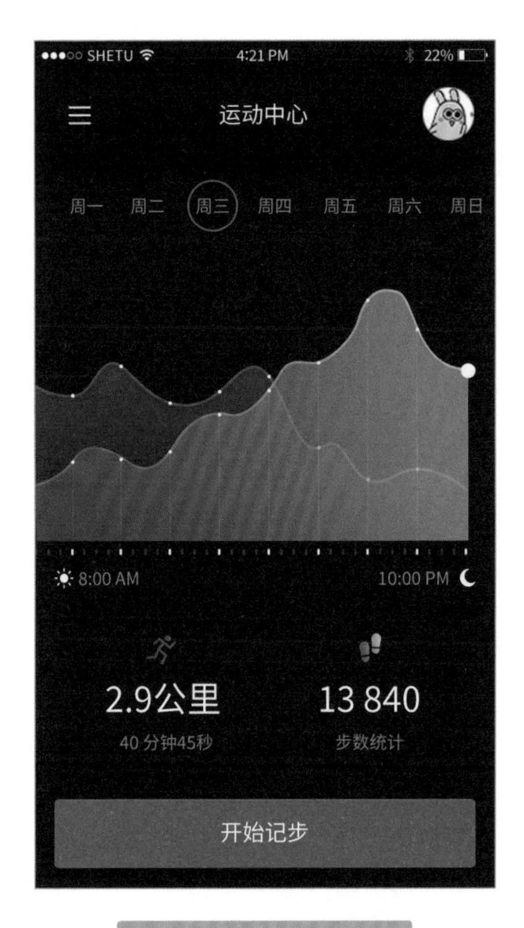

在手机上查看运动步数

除此之外，运动手环还能监测睡眠和血氧。若睡眠时血氧饱和度过低，则可能伴随呼吸障碍，引起记忆力下降，甚至增加患心血管疾病的风险。因此，24 小时连续监测睡眠和血氧，有助于佩戴者了解自己身体的健康状况。

睡得好不好，运动手环全知道

运动手环可以检测佩戴者一整晚的睡眠情况，比如昨晚的睡眠或刚刚的午觉中，浅度睡眠有多长时间、深度睡眠有多长时间。深度睡眠时间长，说明睡得“香”，身体得到了很好的休息。

6.2 家用跑步机，居家也能散步与长跑

6.2.1 为什么选择家用跑步机

运动常常受到场地与天气的限制。例如，老年人想要跑步，附近却没有合适的跑道；天气不好时，老年人也无法在户外活动。家用跑步机就可以很好地解决这些问题，让老年人能够随时随地散步与长跑，锻炼身体。家用跑步机是家庭常备的健身器材。

家用跑步机可以设置跑步速度，刚开始使用跑步机跑步时，注意先把速度设置得慢一些，等适应了之后再进行调整，以免一开始因为不适应跑步机而发生意外。

跑步机分为机械跑步机和电动跑步机。

机械跑步机是依靠跑步者的脚与跑步带的摩擦力带动跑步带运转的，因此机械跑步机用起来比较费力。

简便实用的家用跑步机

电动跑步机是依靠电机来带动跑步带运转的，与机械跑步机相比，电动跑步机用起来更省力，也更适合体弱者和老年人。

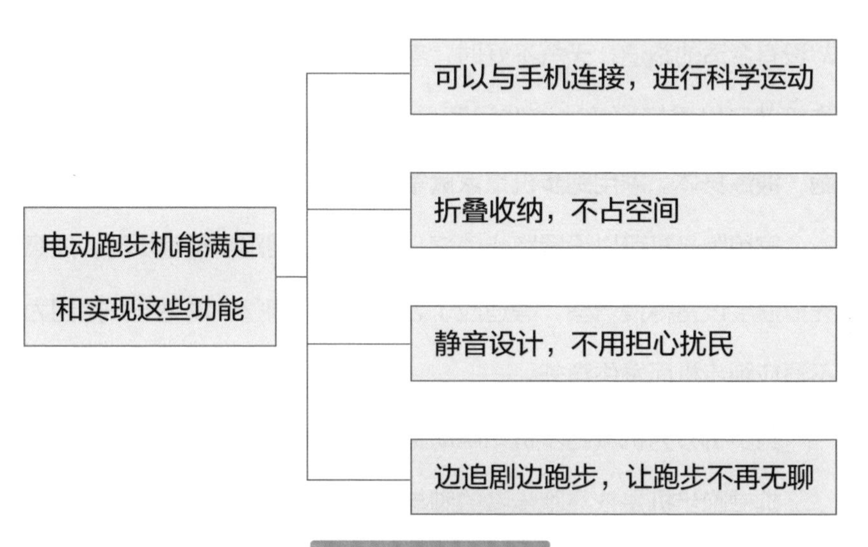

电动跑步机的优点

6.2.2 家用跑步机怎么使用

老年人刚开始使用跑步机时，不要图快，要循序渐进，由慢到快。

站在跑步机的跑步带上，按下“开启”按钮。刚使用跑步机时，应该设置慢速，慢走5分钟，以适应跑步机。然后根据自身情况，加快跑步带速度，在跑步机上大步快走。

大步快走对于老年人来说，是很好的一种运动锻炼方式，大步快走时配合大幅甩臂，能够让肌肉得到有效锻炼，促进全身血液循环。如果精力比较充沛，可以再次加快跑步带速度或者调整跑步带的坡度，继续锻炼。

想要停止时，也要逐步降低跑步带速度和跑步带坡度，最后关闭跑步机停止跑步。

特别需要提醒你的是，在要结束快跑时不要立刻关闭跑步机，这样做容易因为惯性而摔跤。

6.2.3 跑步要注意哪些事项

跑步时，要穿合适的跑鞋和舒适宽松的运动衣，好的运动衣能快速排汗散热，让跑步更舒适。

在跑步前做几分钟的热身运动：拉伸肌肉、压腿、踢腿、扭腰、侧身运动等。做好热身运动，可以防止肌肉、韧带、关节在跑步时受到损伤，也能起到保护膝盖的作用。

跑步结束之后，不要立刻停下来，可以快走或慢走一会儿，避免因为身体突然停止运动而引起不适或受伤。跑完一定要记得做拉伸运动，放松肌肉，增加血液循环，减少运动后的肌肉酸痛。

跑步要量力而行，如果长时间不运动，刚开始跑步时，不要过量，要适可而止。

如果感到身体不适，建议在当天停止跑步。

正在使用跑步机的老年人

跑步伤膝盖吗

新闻上确实报道过一些跑步爱好者因为跑步而损伤了膝盖，不得不进行手术治疗。那么，跑步真的会伤膝盖吗?

使用正确的姿势时，跑步会促进我们膝盖的血液循环，促使细胞再生，跑步时产生的压力能促进我们的软骨肌肉、肌腱和韧带发育，起到保护膝盖而不是伤膝盖的作用。

但是错误的跑步姿势确实会对膝盖造成损伤，而且这种损伤是不可逆的。

所以，如果跑步姿势正确，运动量适中，跑步不仅不会伤害膝盖，还能减少关节炎的发生率。

6.3 时髦的体感游戏，健身又好玩

体感游戏，将人体与游戏中的人物身体“连接”起来，做游戏时，玩游戏者需要穿戴或者手持一些设备，通过肢体的动作来控制游戏中的人物的动作，帮助游戏中的人物完成游戏动作。

在体感游戏中，可能需要你做出挥舞手臂、下蹲、弹跳等各式各样的动作来完成游戏，因此参与体感游戏能锻炼身体。

6.3.1 体感游戏也适合老年人

体感游戏的受众人群的年龄十分广泛，适合 8 到 80 岁各个年龄段的人，是一种老少咸宜的健康游戏。全家人一起参与游戏锻炼，更能为家庭增添更多欢乐。

像跑步机一样，体感游戏不受季节、天气和环境的影响，在家时，只要有空就可以锻炼。

另外，体感游戏中设置了各种关卡，能让游戏者在完成锻炼的同时，也能获得闯关成功的满足感。同时，体感游戏允许老年人邀请好友一起锻炼，协力闯关，增强乐趣。

体感游戏的内容丰富多样，有广场舞、高尔夫、羽毛球等，老年人可以根据自己的喜好和需求来购买相应的游戏内容。

6.3.2 体感游戏怎么玩

目前，比较受欢迎的体感游戏有很多，任天堂的 Switch、索尼的 Ps Move、微软的 Kinect 等，这些游戏公司推出的体感游戏类别丰富多样，游戏画面精美，体验真实。

体感游戏设备通常由一个主机和两个手柄组成，一些游戏可以直接使用主机和手柄来玩（可以玩传统的电子游戏）。玩体感游戏前，需要将体感游戏的手柄、头环等设备与智能电视机相连，这需要使用 HDMI 数据线，因此电视必须配有 HDMI 接口（智能电视大都具有这个接口）。

一些球类或者舞蹈类的体感游戏，游戏的操作方式相似。下面以高尔夫球体感游戏为例，介绍球类体感游戏的玩法。

游戏开始时，将手柄握在右手中，电视屏幕上会出现高尔夫球运动员，电视里的运动员就代表正在玩体感游戏的人，手柄就好像高尔夫球杆，手柄会监测玩游戏者的手臂挥动情况，电视里的运动员会根据游戏者挥动手柄的力量大小、幅度、角度等将球击出。高尔夫体感游戏里的游戏规则与现实中的高尔夫球规则相同。

还有一些游戏需要额外配置其他设备，例如 Switch 的健身环大冒险体感游戏，它需要额外配置一个健身环。

健身环大冒险体感游戏里集合了多种身体锻炼动作，能够帮助老年人锻炼身体的各个部位。

健身环大冒险体感游戏操作和实施都比较简单，游戏时，将其中一个手柄利用绑带绑在大腿上，另一个手柄装到健身环上，手持健身环就可以开启冒险之旅了。

游戏过程中，电视左上角会有一个运动员指导参与者做各种动作。游戏结束时还会总结一天的锻炼内容、消耗的卡路里等，另外还会提供一些健身小知识和小建议。只要每天跟着做游戏就能取得不错的锻炼效果，实现快乐健身。

第 7 章

智能健康

要点梳理

- 了解手机问诊与手机挂号的方法与流程
- 认识常见家用电子医疗设备
- 熟悉宜居智能小家电的具体功能

趣味生活

- 不用接触皮肤也可以测量体温
- 智能手机能控制室温

答疑解惑

- 在家能看病，还用去医院吗
- 电子温度计是怎样供电的

手机问诊与手机挂号

在日常生活中，老年人的身体总是会出现一些小病小痛，但他们很多时候也不方便去医院，如果在手机上下载一些实用的医疗软件，这样他们在手机上问诊或者挂号就很方便了。

7.1.1 手机问诊 APP 解答日常病情病症

可以了解疾病知识、问诊的手机软件有很多，比如最常用的有春雨医生、平安健康等软件。

春雨医生

春雨医生 APP 是一款应用非常广泛的医患交流手机软件，如果你平时有什么不舒服，可以在这个软件上去提问医生，或者直接给医生打电话、发信息，了解更多疾病知识。

春雨医生 APP 的具体使用方法如下。

第一步，下载。打开智能手机软件下载商店（安卓系统手机请查找应用商店、软件商店或者应用市场等，苹果系统手机请查找 APP Store），在手机软件下载商店的搜索栏搜索“春雨医生”，找到春雨医生 APP 并安装它。

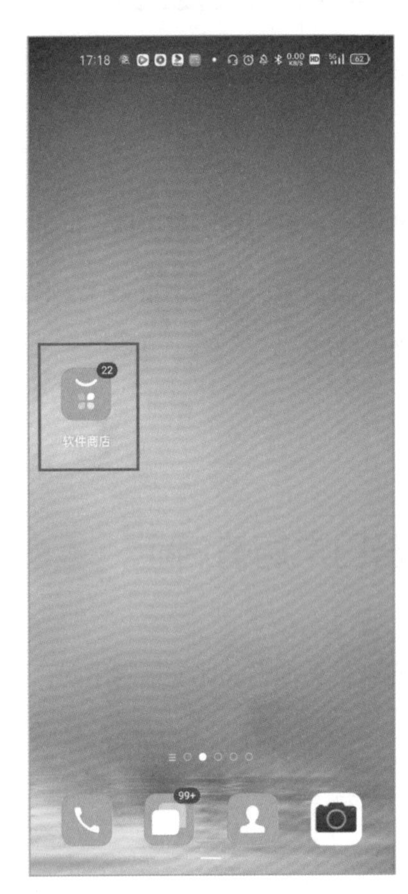

安装春雨医生 APP

第二步，找医生。在手机上找到春雨医生软件的图标，点击图标进入春雨医生 APP 的首页。找医生咨询有以下几种方式。

● 点击界面上的“快速提问”，输入问题并上传，等待医生回复。

● 点击界面上的“找医生”的窗口，进入下一个界面，里面有名医咨询、今日义诊以及按科室找医生等窗口，可以找到对应的医生，发信息或者打电话咨询。

● 点击“搜索框”，输入症状，看看自己可能会患上什么样的疾病。

● 在界面中点击“找医院”或者某个特色科室，找到在线医生提问。在特别着急的情况下也可以使用图文急诊，等待在线医生回复。

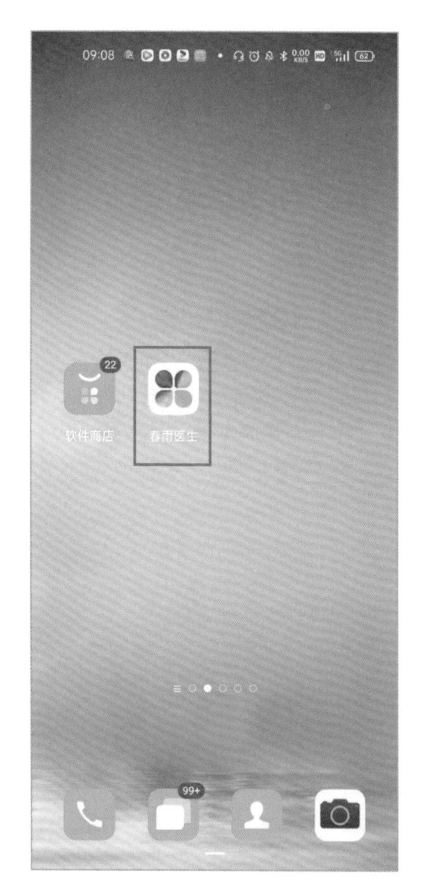

春雨医生 APP 首页

平安健康

平安健康 APP 是较为全面的医疗服务平台，日常居家使用很方便，而且还可以免费问诊。

以下简要介绍平安健康 APP 的基本使用方法。

第一步，安装平安健康 APP（安装方法与春雨医生类似）。

第二步，在手机上找到平安健康图标，进入其首页，根据自己的需要选择相应版块进行了解。

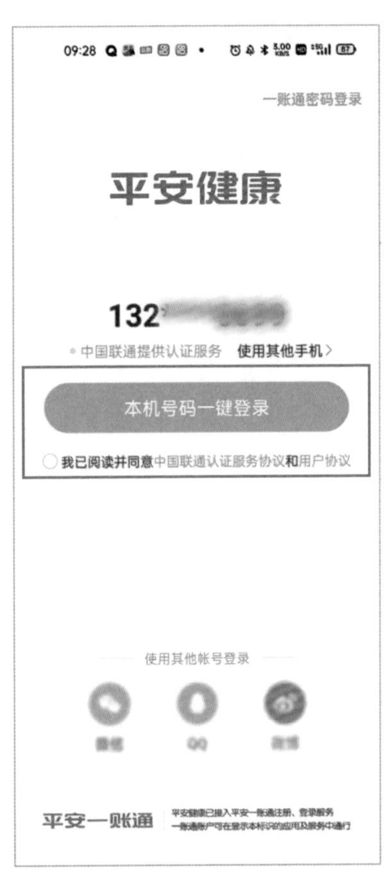

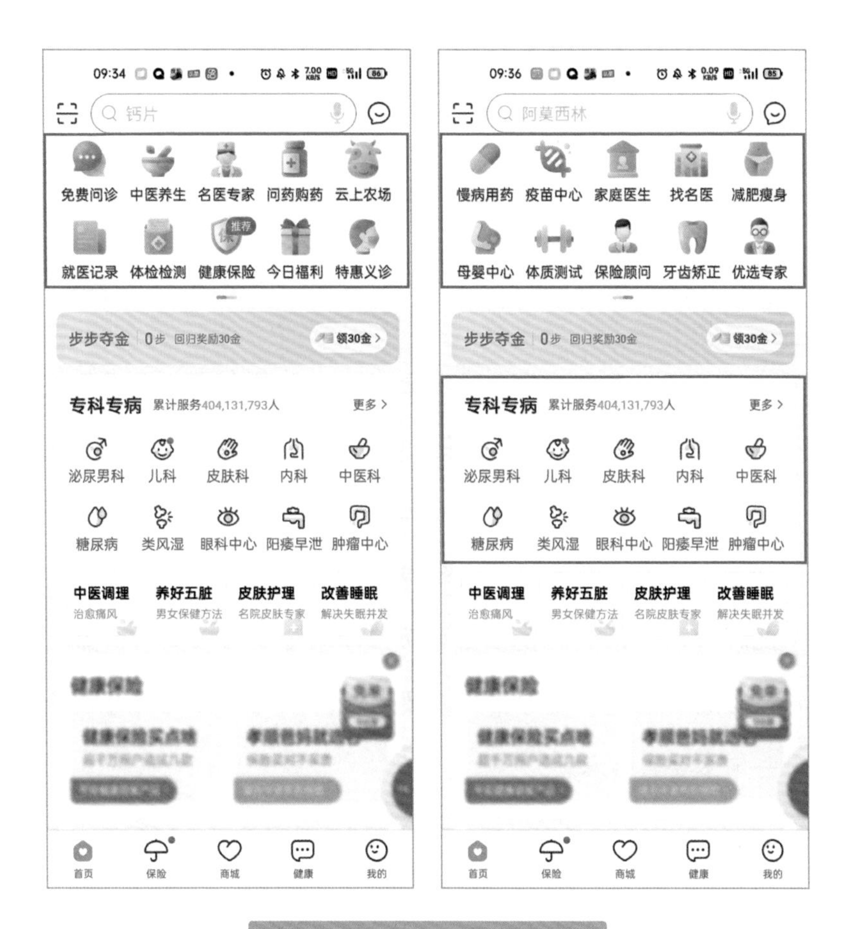

平安健康 APP 首页界面内容

平安健康 APP 首页中相对实用选项有免费问诊、名医专家、问药购药、特惠义诊、家庭医生等。

在家能看病，还用去医院吗

很多老年人行动不便，或者不能独自出门去医院，为了不麻烦子女，他们往往会认为，如果在家就能用智能手机看病，那么就不用去医院了。

其实，这样的想法是不正确的，如果身体长时间不舒服或者有什么比较紧急的症状发生，是需要及时去医院就诊的，很多时候医生当面问诊或者使用医院的仪器做全面的检查都是非常有必要的，所以该去医院的时候一定不要害怕麻烦。

7.1.2 网上挂号很方便，不用跑到医院去排队

以往，去医院要赶早排队挂号，这对于老年人来说是非常不方便的一件事情。现在，打开智能手机，在网上就可以问诊挂号，手机中的微信、支付宝等软件都能挂号。

微信挂号

第一步，打开微信，在界面下方找到并点击“我”。

第二步，在“我”界面中点击支付，进入支付界面。

第三步，在支付界面中点击“医疗健康”，进入医疗健康界面。

第四步，在医疗健康界面中点击左上角的“定位”，定位到你所在的城市，然后点击“挂号”，到挂号界面中挂号。

微信挂号的基本流程

支付宝挂号

第一步，打开支付宝，进入首页，找到并点击“医疗健康”。

第二步，在医疗健康界面的左上角点击定位你当前所在城市，然后点击预约挂号就可以挂号了。

北京
公积金缴存一键查询
搜索
扫一扫
付钱/收钱
出行
卡包
饿了么
口碑
市民中心
哈啰出行
电影演出
转账
信用卡还款
充值中心
余额宝
蚂蚁森林
交通出行
医疗健康
健康码
火车票机票
全部
有好礼
付款成功 ¥ 15.00 1小时前
你有180克饲料未领取 4小时前
数码相框
理财
口碑
消息
我的

医疗健康 · 北京
搜医院、医生、科室和药品
预约挂号
在线问诊
体检/检查
疫苗服务
送药/买药
中医服务
健康保险
健康生活卡
上门护理
更多服务
专病服务
首页
百科
慢病管理
我的

支付宝挂号的基本流程

7.2 家用电子医疗设备

7.2.1 电子温度计

电子温度计的种类比较多，总体可分为电子体温计、红外线体温计、电子耳温计等。

电子体温计

老年人身体弱，在换季或者变天的时候容易感冒发烧，经常会用到体温计。

传统的玻璃水银体温计如果一不注意掉到地上摔碎了，很可能会造成水银中毒，所以使用起来要非常小心。

相比水银温度计，电子体温计通过温度传感器来识别温度，不含水银更安全，并且测量速度快、精准度高，测完之后还有提示音，老年人使用更加方便和安全。

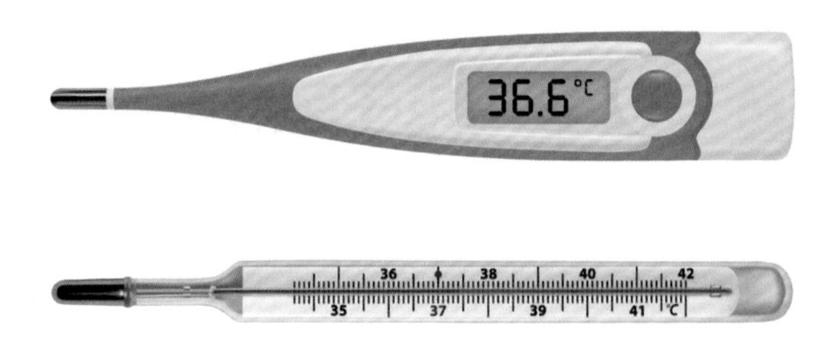

电子体温计和水银体温计

那么，电子体温计怎么使用呢？方法很简单。

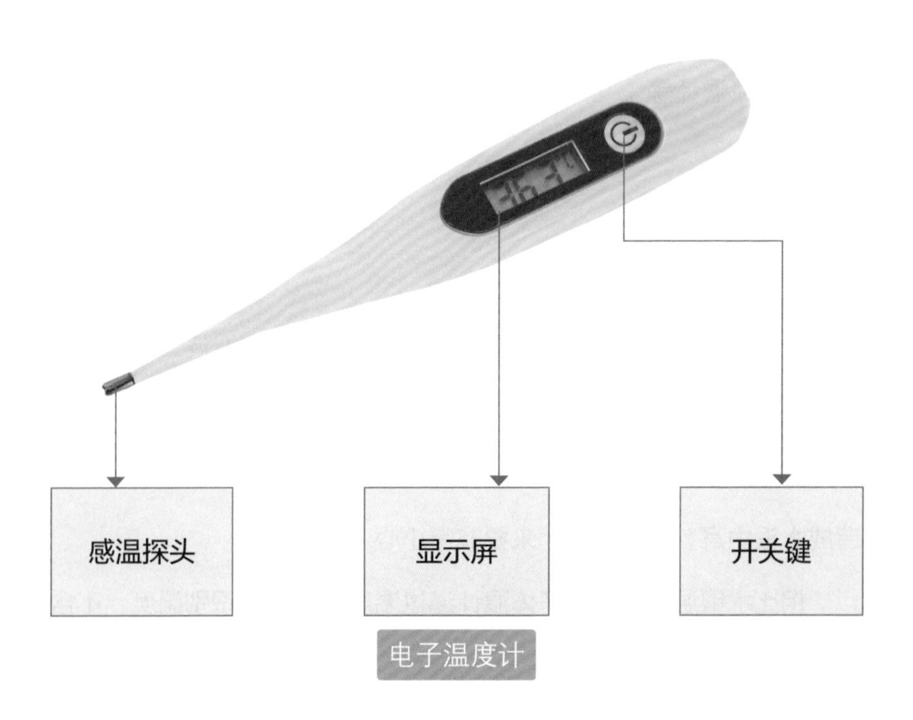

电子温度计

第一步，按一下开关键开机，电子体温计会发出蜂鸣音并在显示屏上出现一些字符，约 2 秒后显示屏上出现上次测温的温度值，再过约 2 秒后，温度值单位℃开始不断闪烁提示可以开始测温了。

第二步，选择身体的某个部位进行测温，如腋窝、口腔等部位，在测温时保证感温探头被完全包裹。

第三步，温度计发出大约 5 秒的蜂鸣声并且℃符号停止闪烁时，表示测温完成。

第四步，读取温度值之后按一下开关键关闭温度计。

红外线体温计

红外线体温计是非常方便的一种测温工具，能利用红外线传感器识别温度，注意测量人体温度时要用医用的红外线体温计。

红外线体温计的测温速度比电子温度计要快很多，所以在家使用起来也更加方便。

红外线体温计有很多不同形状、颜色和大小的产品，但基本都有测温窗口、电源键和电子显示屏。

红外线体温计使用方法非常简单，只要握住手柄，用温度计的测温窗口对着额头或耳朵、手等，然后按动电源键就可以了。

按动开关之后，测温计很快会发出提示音，提示已经测完，然后只需要在显示屏中读取温度值就可以了。

通常情况下，温度值会在显示屏上保持 7 秒，30 秒之后温度计会自动关机。

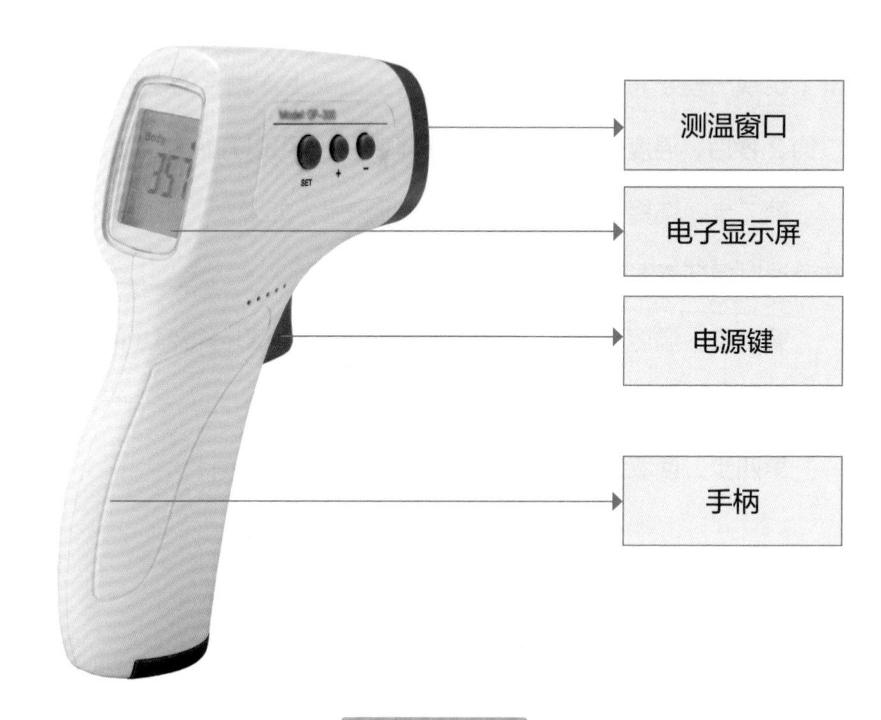

红外线体温计

用红外线体温计测量体温

不用接触皮肤也可以测量体温

所有的温度计都要接触皮肤才能测温吗？并非如此，非接触式红外线体温计在使用的时候就不用接触皮肤。

使用非接触式红外线体温计测温时，体温计的感应口距离额头 5 厘米左右，大约 1～2 秒后就能读取温度值了，非常省事和方便。

注意，不要让温度计或者要测量的部位处在强烈的太阳光下，以免测量不准。当测试温度显示“Hi”时表示温度高于 42.9℃，显示“Lo”时表示温度低于 34℃。

电子耳温计

电子耳温计与红外线体温计其实属于一类，只是它的测温窗口变成了能够伸入耳道的测温探头。

因为人的耳道受外部环境影响较小，所以在耳道中测量体温会更加准确。

电子耳温计与红外线体温计的用法基本相同，首先握住手柄，然后将测温探头轻轻放入耳道，同时按动电源键，大约 1 秒之后你的温度值就显示在电子显示屏上面了。

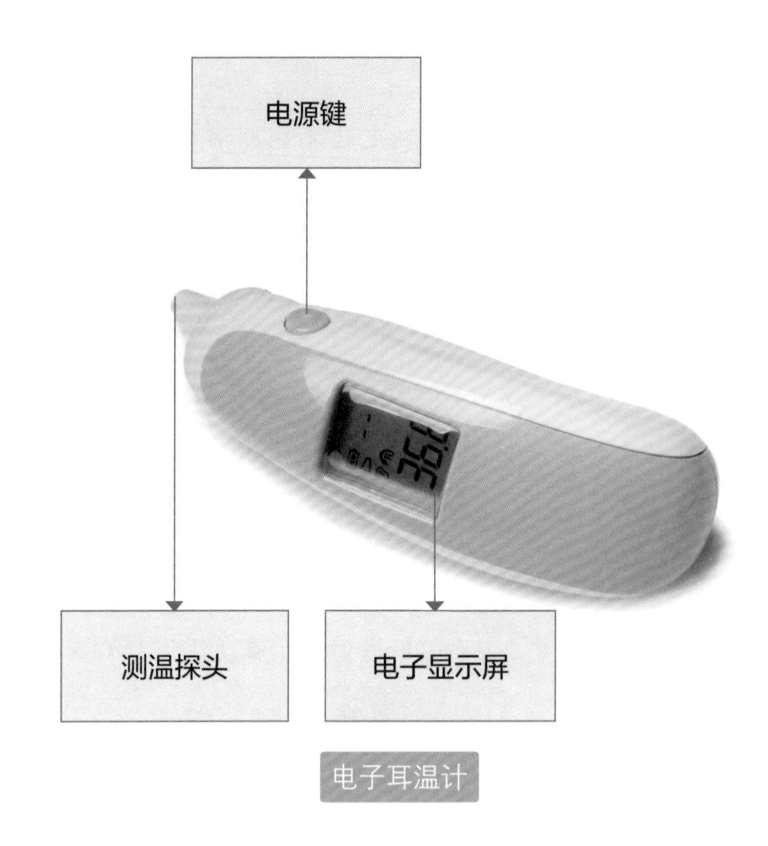

电子耳温计

电子温度计是怎样供电的

电子温度计有两种供电方式，放电池或者像手机一样充电。

一般用电池的电子温度计都有可以打开的小盖子，里面装电池，比如红外线体温计的电池一般装在把手里面，电子体温计一般装纽扣电池，安装位置一般在后端，同样有小盖子可以打开。

充电式的电子温度计一般都会配有充电器，充电口也能很容易找到。

7.2.2 电子血压计

电子血压计是一种按下开始按键，就能自动帮你测量血压的仪器，有臂式、腕式和手表式三种。

臂式血压计

一般来说老年人在家测量血压时，臂式血压计比较实用，并且测量相对更精准。

臂式电子血压计的使用方法如下。

第一步，先静坐十几分钟，让身体处于放松和平静状态，手臂要裸露或者穿较薄的衣物，将手臂放到桌面上，保持与心脏位置差不多高的位置。将臂带放到大臂位置，臂带捆绑不要太紧，保证一个手指能够伸进。

第二步，按动开关，仪器会自动测量血压。测量过程中注意放松身体，手心朝上，手臂放松，不要说话或者移动。

第三步，测试完毕，电子屏幕上会显示结果并播报血压值，这对看不清字的老年人非常方便。

第四步，按下开关键关机，或者等待 1 分钟后血压计会自动关机。

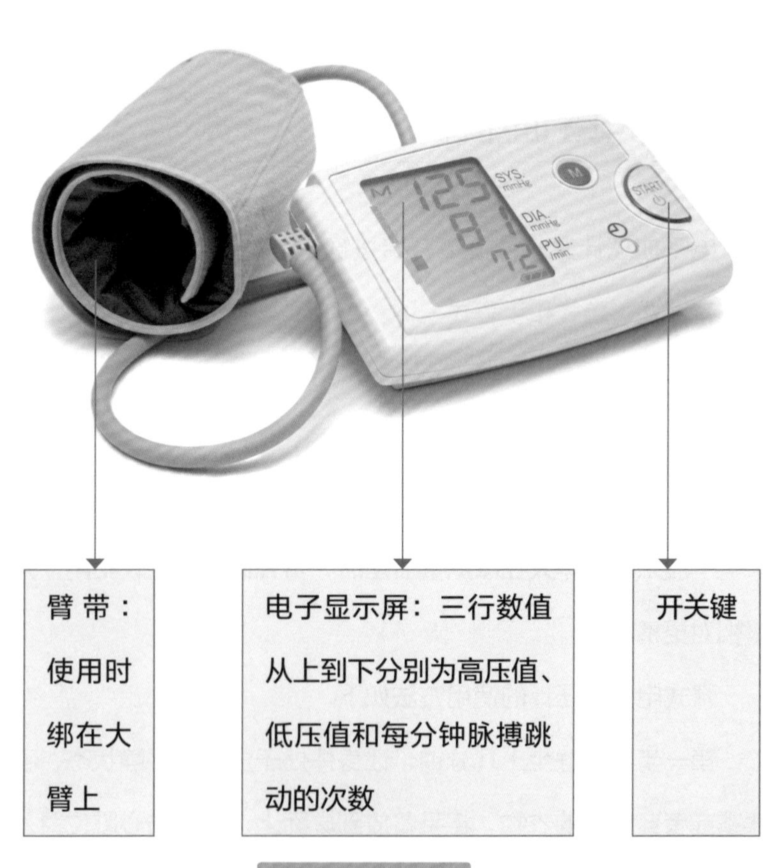

臂式电子血压计

用臂式电子血压计测量血压

手表式电子血压计与腕式电子血压计

与臂式血压计相比，手表式电子血压计与腕式电子血压计的精准度稍差，但优点是携带和使用方便。

手表式电子血压计与一般的电子手表差不多大小，在测量时需要将表体放在手背一侧；腕式电子血压计在电子显示器后面带着一个腕带，使用时将腕带绑在手腕上，松紧度合适，并且血压计的本体要在手心一侧。

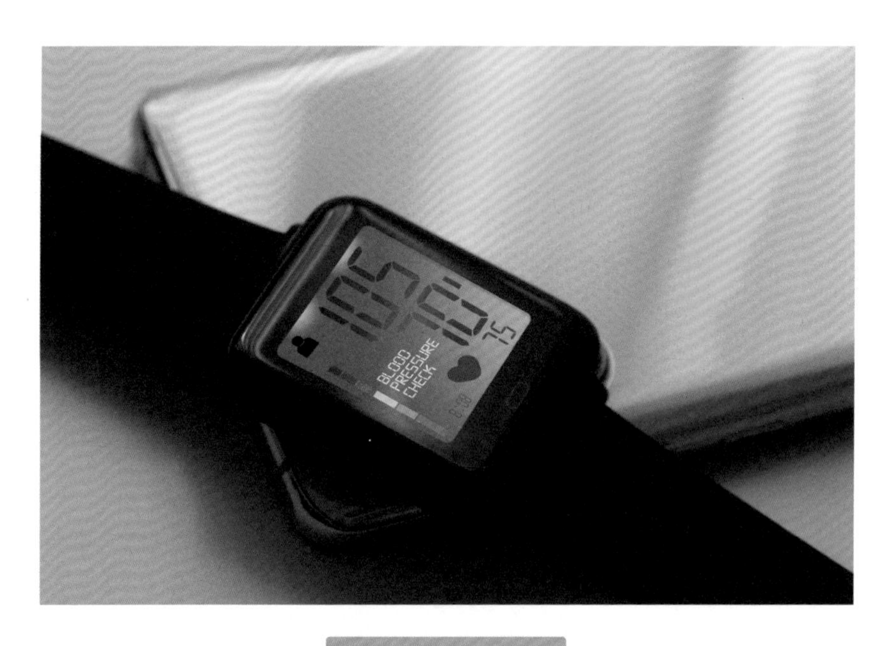

手表式电子血压计

用腕式电子血压计测量血压

7.2.3 家用理疗仪

老年人在生活中常常会有一些腰椎、颈椎以及腿部等部位疼痛的症状，自己伸手按摩和拍打既费劲又不能起到很好的效果，反而会增添更多的劳累，如果使用智能理疗仪，就可以轻松且有效地缓解周身的疼痛。

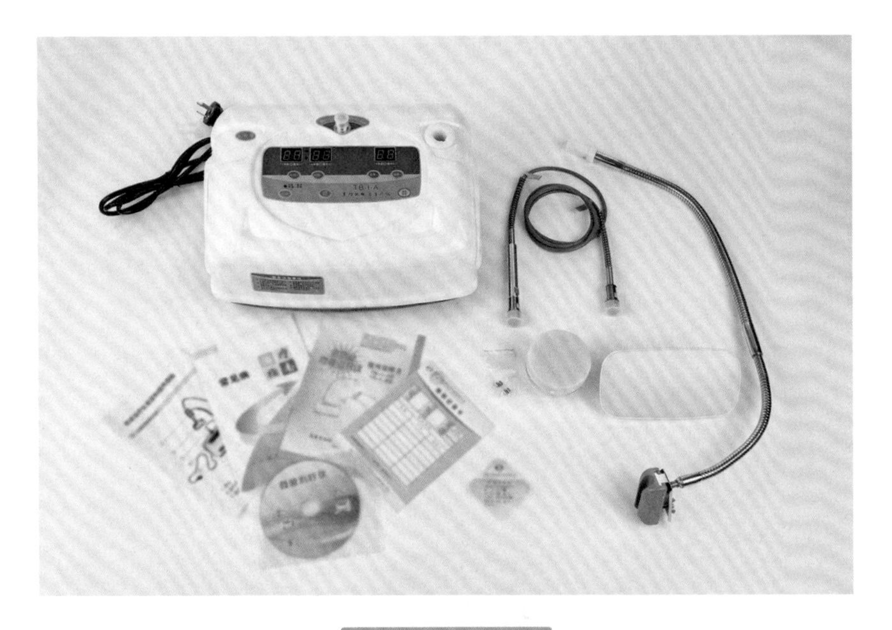

理疗仪及其配件

家用理疗仪有很多品牌，基本用法步骤可归结如下。

第一步，先插好电源线，再将输出线插上并连接电极片，将电极片贴到患处。

第二步，打开电源开关，在显示窗口上调节模式、时间等。

第三步，治疗结束后取下电极片，关闭电源。

7.3 智能小家电，营造舒适家居环境

7.3.1 空调调温，不再怕冷和怕热

夏天天气很热以及深秋、初春没有暖气的时候，在家待着都不舒服，要么太热，要么太冷，这样的环境很容易让身体较弱的老年人中暑或者受凉感冒。

如果你家安装了智能空调，其智能调温功能能营造舒适又健康的居家环境，再也不用怕冷怕热了。

智能空调一般用遥控器控制。空调遥控器应用比较灵活，可以用空调原配的遥控器，也可以在市面上买到各种万能的遥控器。

用遥控器控制空调时，先按下开关键，然后按模式键选择模式。空调一般有制冷、制热、除湿、自动等模式选择，按动模式按键就会跳转各种模式。定好模式后，空调就能工作了。

调节空调

除此之外，遥控器上一般还有控制温度高低、风量大小、吹风方向、定时开关等的按键，可以根据自己的需求自由地选择（提示：有些遥控器的按键会被隐藏在盖子下面）。

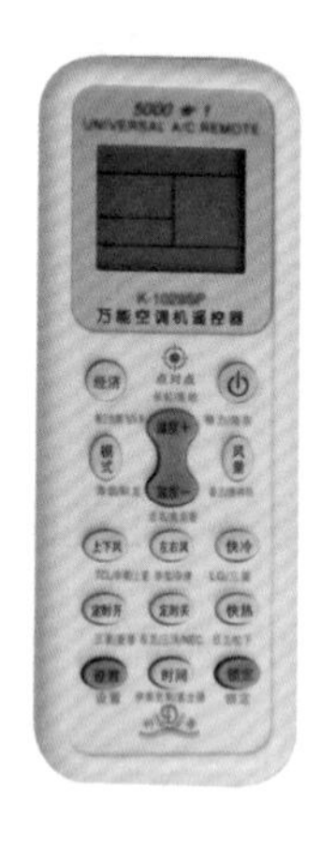

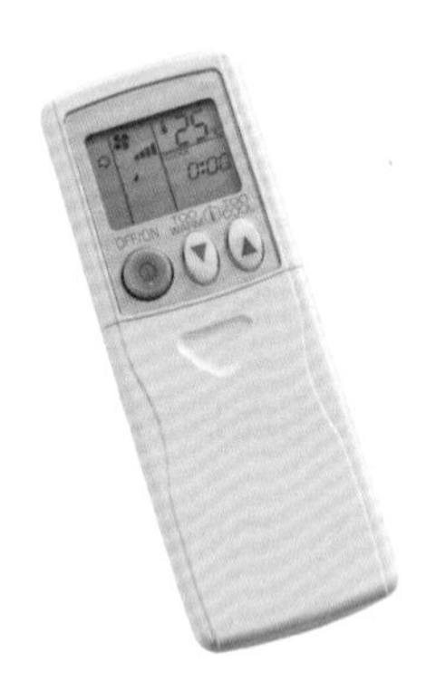

不同类型的空调遥控器

智能手机能控制室温

手机可以通过控制空调来调节室温。

空调遥控器一般都要装电池才能工作，有时候当你需要开空调时发现遥控器没电了，这时候如果你有支持红外线遥控的智能手机，那么只需在手机上安装一款万能遥控 APP，就可以控制空调、调节室温了。

具体使用方法为：第一，打开万能遥控 APP，在界面中添加遥控器；第二，在遥控器界面中点击空调，选择与空调相匹配的空调品牌；第三，手机与空调连接好之后点击开关开启空调。

不过，如果你的智能手机没有红外线发送装置，就不能控制空调了。

7.3.2 加湿器，空气湿润更健康

如果你生活在北方，特别是冬天起床的时候，是不是经常感觉到口干舌燥、咽干咳嗽？之所以会这样，一方面是因为干燥缺水；另一方面是因为干燥导致空气中的灰尘增多，病菌附着在漂浮的灰尘和颗

粒物上传播，被你吸入肺中，引起不适。

老年人的抵抗力较差，干燥的空气对他们的伤害会更大，而智能加湿器能够降低空气中悬浮颗粒物的数量，让空气湿度达到适宜的状态，能很好地应对冬季室内空气干燥的状况，为老年人创造一个更加健康舒适的生活环境。

空气加湿器

空气加湿器操作起来相对简单，一般加湿器里面都有一个装水的容器，装好水之后盖上盖子，扭动或者按动开关，加湿器就开始工作了。但使用加湿器要特别注意以下几点。

第一，不要往加湿器中直接加入自来水，因为自来水中的杂质会堵塞蒸汽喷射微孔。

第二，每天清理加湿器，以免细菌滋生。

第三，不要一直开着加湿器，不然会使室内湿气太重。湿气保持在合适的度（50%～70%）才有利于身体健康，因此你可以同时准备一个湿度检测表，合理控制室内湿度。

7.3.3 空气净化器，赶走雾霾更放心

如今恶劣的雾霾天气让很多追求养生的老年人担忧不已，在雾霾天，即便待在家中也会感到呼吸困难、胸闷咳嗽。

这时候，如果你拥有一款智能空气净化器，那么它将帮你吸附、分解和转化室内大部分的 PM2.5 细颗粒以及甲醛、细菌等污染物，还你清新健康的居家环境。

室内的智能空气净化器

空气净化器使用起来很简单，首先插上电源，打开开关，在开关键的旁边有很多其他按键，比如风速、负离子、自动、睡眠、定时

等，按照自己的需要设定和调节。

使用空气净化器需要注意以下几点。

第一，把空气净化器放在屋子中间，保证它的进出风口通畅，也不要用物品堵住进出风口。

第二，将空气净化器放平稳，不要让它倾倒或者摇晃。

第三，清洁信号灯亮了之后，要及时清洁空气净化器集尘极板。

第四，出门时要关闭空气净化器，并且拔掉电源线。

7.3.4 灭蚊灯，消灭蚊子安心睡

很多老年人睡眠质量不好，夏天的夜晚又时常遭到蚊子的侵扰，点蚊香又害怕有毒的烟雾对身体造成伤害，从而倍觉烦恼。

如果你睡觉时也时常被蚊子骚扰，那么你可以准备一款智能灭蚊灯，这种灭蚊灯不会产生对人体有害的气体，你就再也不用担心蚊虫的侵扰了。

智能灭蚊灯在使用时只要接通电源就可以正常工作了。使用智能灭蚊灯时需要注意以下几点。

第一，在睡觉前大约 2 小时开启智能灭蚊灯，人可以离开卧室，因为在无人的空间中，智能灭蚊灯能够发挥更好的效果。

第二，夜晚睡觉时要关闭其他灯具，只让灭蚊灯发亮，这样灭蚊效果更好。

第三，24 小时之后再去清理储蚊盒，以免未杀死的蚊子逃逸。

各种家用智能灭蚊灯

7.3.5 智能吹风机，保护头发不受损

老年人洗完头发后，为了避免受凉感冒，最好及时吹干头发，但长期使用吹风机会让头发变得干枯、毛躁。如果你在生活中非常注重保养，那么选择不伤头发的智能吹风机就再也不用担心头发干枯的问题了。

常见的智能吹风机

智能吹风机在使用时要先插电，然后开启电源就能使用。

智能吹风机的优点在于它会根据头发的干湿程度，自动控制温度、风量，保证不让头发受伤。

如果开启养护模式，智能吹风机还可以释放负离子，对头发起到养护作用，让头发变得更加柔顺。

参考文献

[1] 林思荣 . 一本书读懂智能家居 [M]. 2 版 . 北京：清华大学出版社，2019.

[2] 翟文明 . 家居生活小窍门（超值全彩白金版）[M]. 北京：中国华侨出版社，2010.

[3] 徐旺 . 可穿戴设备：移动的智能化生活 [M]. 北京：清华大学出版社，2016.

[4] 张威 . 智能生活 [M]. 上海：上海科学普及出版社，2018.

[5] 王印成 . 我国智慧城市建设和人工智能的发展 [M]. 北京：经济日报出版社，2018.

[6] 电子猫眼 [EB/OL]. https://baike.baidu.com/item/%E7%94%B5%E5%AD%90%E7%8C%AB%E7%9C%BC/5883302?fr=aladdin，2021-5-30.

[7] 智能生活未来 . 关于智能锁的几大谣言，你相信几条？[EB/OL]. https://baijiahao.baidu.com/s?id=164307792472329 1348&wfr=spider&for=pc，2019-8-28.

[8] 小胖聊数码 . 三种方法教你把手机投屏到电视上，这也太简单好用了吧？[EB/OL]. https://baijiahao.baidu.com/s?id=163983850404676 2726&wfr=spider&for=pc，2019-07-23.